Cura le Tue Piante, Gusta i Suoi Frutti

Dalla Potatura ai Succhi: Tantissime Ricette, Consigli e Idee per Bevande Sane e Gustose

Giulio Montesi

Copyright © 2024 - Giulio Montesi

Tutti i diritti riservati. Nessuna parte di questa pubblicazione può essere riprodotta, distribuita o trasmessa in qualsiasi for ma o con qualsiasi mezzo, comprese fotocopie, registrazioni o altri metodi elettronici o meccanici, senza il preventivo consen so scritto dell'editore, tranne nel caso di brevi citazioni incorpo rate in recensioni critiche e altri usi non commerciali consentiti dalla legge sul copyright

Sommario

Parte 1. La Cura delle Piante da Frutto 7

Capitolo 1. **Conoscere le piante da frutto** 9
Introduzione alle piante da frutto più comuni 9

Capitolo 2. **Strumenti e Tecniche per una Potatura Facile** 17
Gli Strumenti Necessari e Come Usarli in Sicurezza 17
Conclusione 25

Capitolo 3. **Manutenzione delle Piante e Prevenzione dei Problemi** 26
Come Mantenere le Piante Sane con Semplici Accorgimenti 26

Capitolo 4. **Coltivare un frutteto domestico sostenibile** 37
Pianificazione e Realizzazione di un Piccolo Frutteto 37
L'Importanza della Biodiversità e degli Insetti Impollinatori 40
Frutteti in Spazi Ridotti: Coltivazione in Vaso e Giardini Verticali 43

Capitolo 5. **Raccolta della frutta al momento giusto** 48
Come Capire Quando la Frutta è Pronta per la Raccolta 48
Metodi di Conservazione per Preservare Freschezza e Sapore 52
Primi Passi verso la Trasformazione del Raccolto 56
Un Viaggio Creativo e Appagante 59
Irrigazione, Concimazione e Trattamenti Biologici: Garantire Salute e Produttività al Frutteto 59

Parte 2. Succhi Perfetti ed Estratti Straordinari 65

Capitolo 1. **Gli strumenti per succhi ed estratti 67**
  Differenze tra Estrattori, Centrifughe e Spremiagrumi ... 67
  Come Scegliere l'Attrezzatura Ideale in Base alle Proprie Esigenze 72
  Manutenzione e Uso Corretto degli Strumenti per la Trasformazione della Frutta 77

Capitolo 2. **Le basi dei succhi perfetti 81**
  Tecniche per Creare Succhi Equilibrati e Nutrienti 81
  Proporzioni Ideali e Consigli per Bilanciare Dolcezza e Acidità nei Succhi 88
  Conservazione dei Succhi: Trucchi per Mantenerli Freschi e Sani 93

Capitolo 3. **Ricette di succhi creativi e funzionali 98**
  Succhi Classici e Semplici: Mela, Arancia, Pera 98
  Ricette Esotiche: Mango, Ananas e Zenzero 103
  Mix Funzionali: Energizzanti, Detox, Ricostituenti 108

Capitolo 4. **Estratti di Frutta e Verdura 129**
  Come Combinare Frutta e Verdura per Estratti Sani e Gustosi 129

Capitolo 5. **Ridurre gli sprechi con la frutta 147**
  Idee per Utilizzare gli Scarti dei Succhi (Polpa e Bucce) in Cucina e per il Compost 147
  Utilizzare gli Scarti in Cucina 147
  Utilizzo degli Scarti per il Compost 149
  Come Massimizzare l'Uso della Frutta Raccolta: Marmellate, Conserve e Snack Naturali 151
  L'Importanza di un Approccio Sostenibile e Zero Waste 156
  L'Importanza della Biodiversità nel Contesto Zero Waste 158

Il Sapore della Consapevolezza 160
Gestione degli Scarti: Un Elemento Chiave del Ciclo Virtuoso..163
Educazione e Condivisione delle Conoscenze................164
Un Atto di Amore per Te e per il Pianeta........................167
Il Mio Invito per Te..168

Parte 1

La Cura delle Piante da Frutto

Capitolo 1

Conoscere le piante da frutto

Introduzione alle piante da frutto più comuni

Gli alberi da frutto rappresentano una delle forme più antiche e preziose di coltivazione, offrendo frutti deliziosi, ricchi di nutrienti e spesso simbolo di abbondanza e connessione con la natura. Ogni albero è un piccolo ecosistema, una finestra sul ciclo delle stagioni e una fonte inesauribile di ispirazione per chi ama la cura del verde.

In questa sezione esploreremo quattro tra le piante da frutto più diffuse: il melo, il pero, il pesco e gli agrumi. Questi alberi non solo sono apprezzati per i loro frutti, ma sono anche relativamente semplici da coltivare, rendendoli perfetti per chi desidera avvicinarsi all'arte della frutticoltura.

Il Melo (Malus domestica)

Il melo è uno degli alberi da frutto più conosciuti e amati al mondo. Originario dell'Asia centrale, si è diffuso in tutto il globo grazie alla sua versatilità e alla facilità di coltivazione.

Caratteristiche principali:

- Il melo è una pianta rustica che si adatta bene a diversi climi, anche se predilige zone temperate. Può raggiungere un'altezza compresa tra i 3 e i 10 metri a seconda della varietà e del tipo di potatura. Le sue foglie ovali, i fiori bianchi o rosa e i frutti succosi lo rendono anche un elemento decorativo per il giardino.

Varietà più diffuse:

- Golden Delicious, Granny Smith, Fuji e Gala sono solo alcune delle numerose varietà di melo, ognuna con caratteristiche uniche di gusto, consistenza e colore.

Esigenze colturali:

Il melo richiede un'esposizione soleggiata e un terreno ben drenato. È importante monitorare le malattie fungine, come la ticchiolatura, e proteggere l'albero da parassiti come gli afidi.

Il Pero (Pyrus communis)

Elegante e produttivo, il pero è una pianta amata per i suoi frutti dolci e succosi, spesso utilizzati sia freschi che in preparazioni come conserve e dolci.

Caratteristiche principali:

Originario dell'Europa e dell'Asia, il pero cresce bene in climi temperati, preferendo inverni freddi e estati non troppo calde. Può raggiungere altezze di 8-12 metri se non viene potato regolarmente.

Varietà più diffuse:

Williams, Abate Fetel, Conference e Kaiser sono tra le varietà più coltivate. Si distinguono per sapore, forma e resistenza ai parassiti.

Esigenze colturali:

Come il melo, il pero richiede un'esposizione luminosa e un terreno ben drenato. È sensibile a malattie come la ticchiolatura del pero e il colpo di fuoco batterico, per cui è essenziale una buona prevenzione.

Il Pesco (Prunus persica)

Con i suoi frutti profumati e carnosi, il pesco è una delle piante più amate nei giardini. Simbolo di estate e abbondanza, è relativamente facile da coltivare se curato correttamente.

Caratteristiche principali:

Il pesco è originario della Cina e può raggiungere un'altezza di 3-4 metri, rendendolo ideale anche per spazi ridotti. I suoi fiori rosa intenso sono spettacolari e attirano insetti impollinatori.

Varietà più diffuse:

Le pesche possono essere a polpa gialla, bianca o nettarine. Tra le varietà più apprezzate troviamo la Redhaven, la Stark Saturn e la Dixired.

Esigenze colturali:

Il pesco richiede un clima mite e terreno ben drenato, ricco di sostanze organiche. È vulnerabile a malattie come la bolla del pesco, che può essere prevenuta con trattamenti specifici e potature regolari.

Gli Agrumi (Citrus spp.)

Arance, limoni, mandarini e pompelmi: gli agrumi sono tra le piante più versatili e gratificanti da coltivare. Originari del sud-est asiatico, si sono diffusi in tutto il Mediterraneo e oltre, diventando un simbolo di freschezza e sole.

Caratteristiche principali:

Gli agrumi sono arbusti o piccoli alberi sempreverdi, con foglie lucide e fiori profumatissimi. La maggior parte delle specie produce frutti ricchi di vitamina C e con molteplici usi in cucina.

Varietà più diffuse:

- Limone: Femminello, Eureka.
- Arancia: Tarocco, Valencia.
- Mandarino: Clementina, Satsuma.
- Pompelmo: Star Ruby.

Esigenze colturali:

Gli agrumi preferiscono climi caldi e riparati, con terreni ben drenati. Sono sensibili al freddo e necessitano di protezione nelle zone più fredde. Richiedono concimazioni regolari e annaffiature costanti, soprattutto in estate.

Come scegliere la pianta giusta per te

La scelta della pianta da frutto ideale dipende da diversi fattori:

Clima: Alcune specie, come gli agrumi, amano il caldo, mentre meli e peri si adattano meglio a climi temperati.

Spazio disponibile: Gli alberi a crescita contenuta, come i peschi o i meli nani, sono perfetti per giardini più piccoli o vasi.

Gusto personale: Considera quali frutti preferisci consumare freschi o trasformare in succhi ed estratti.

Con le giuste conoscenze, ogni albero da frutto può trasformarsi in una risorsa straordinaria, non solo per il gusto dei suoi frutti, ma anche per il piacere di coltivarlo e vederlo crescere.

Consigli Specifici per Principianti

Se stai pensando di iniziare a coltivare piante da frutto ma non hai esperienza, è importante partire con piante che richiedono una gestione semplice e offrono risultati visibili in poco tempo. Ecco alcune opzioni ideali:

- Agrumi nani in vaso:

Perfetti per chi ha poco spazio o vive in zone con inverni rigidi, gli agrumi nani (come il limone o il mandarino) sono facili da gestire. Possono essere coltivati in vaso, spostati all'interno nei mesi più freddi e producono frutti in abbondanza con la giusta esposizione al sole.

- Meli nani:

Questi alberi sono compatti, decorativi e producono mele deliziose già dopo pochi anni. Possono essere coltivati anche in giardini di piccole dimensioni e richiedono cure semplici, come una potatura leggera per mantenere la forma.

- Pesco resistente:

Se hai spazio e vivi in un clima mite, il pesco è un'ottima scelta. Una varietà come il pesco Redhaven è particolarmente robusta e produce frutti deliziosi con un impegno minimo.

Consiglio Pratico

Inizia con una o due piante alla volta. Questo ti permetterà di acquisire confidenza con le tecniche di cura e potatura senza sentirti sopraffatto. Ricorda, anche un piccolo passo verso la frutticoltura è un grande passo verso uno stile di vita più sostenibile e gratificante.

Caratteristiche dettagliate, stagionalità e requisiti per una crescita sana

Ogni pianta da frutto ha specifiche esigenze climatiche e colturali che ne influenzano la crescita e la produttività. Comprendere questi fattori è essenziale per garantire alberi sani e raccolti abbondanti.

Melo (Malus domestica)

Caratteristiche dettagliate:

Il melo è una pianta decidua che perde le foglie in autunno e fiorisce in primavera. I suoi fiori, bianchi o rosa, attirano api e altri impollinatori, favorendo una buona produzione di frutti. La crescita è moderata e, se mantenuto con potature regolari, può essere gestito anche in spazi più piccoli.

Stagionalità:

- Fioritura: da aprile a maggio.
- Raccolta dei frutti: da agosto a ottobre, a seconda della varietà (estive, autunnali o tardive).

Requisiti per una crescita sana:

- Clima: Predilige zone con inverni freddi e primavere miti. Un periodo di freddo invernale (0-7 °C) è essenziale per stimolare la fioritura.
- Terreno: Deve essere ben drenato, ricco di sostanza organica e con un pH leggermente acido (6,0-7,0).
- Esposizione: Sole pieno, almeno 6 ore al giorno.
- Cure: Potatura annuale per eliminare rami deboli e stimolare la produzione. Protezione contro ticchiolatura e afidi.

Pero (Pyrus communis)

Caratteristiche dettagliate:

Il pero è una pianta longeva e resistente, che può vivere oltre 50 anni. I suoi frutti sono dolci, succosi e si conservano bene per periodi prolungati. È più resistente del melo alle gelate primaverili, ma richiede maggiore attenzione alla prevenzione delle malattie.

Stagionalità:

- Fioritura: aprile.
- Raccolta dei frutti: da agosto a novembre, a seconda delle varietà.

Requisiti per una crescita sana:

- Clima: Preferisce climi temperati, ma tollera inverni più rigidi rispetto al melo.
- Terreno: Ben drenato, profondo e fertile, con un pH tra 6,0 e 7,5.
- Esposizione: Sole pieno o mezz'ombra.
- Cure: Richiede una potatura leggera per mantenere la forma e ridurre la competizione tra i rami. Prevenzione del colpo di fuoco batterico è essenziale.

Pesco (Prunus persica)

Caratteristiche dettagliate:

Il pesco è una pianta a crescita rapida, che inizia a fruttificare già dopo 2-3 anni dalla piantagione. I suoi fiori rosa sono particolarmente decorativi, ma sono vulnerabili alle gelate tardive. I frutti, dolci e succosi, possono essere a polpa bianca o gialla.

Stagionalità:

- Fioritura: marzo-aprile.
- Raccolta dei frutti: da giugno a settembre, a seconda delle varietà.

Requisiti per una crescita sana:

- Clima: Climi miti, con inverni non troppo rigidi e primavere asciutte.

- Terreno: Profondo, ricco di sostanza organica e ben drenato, con un pH tra 6,0 e 7,5.
- Esposizione: Sole pieno.
- Cure: Trattamenti preventivi contro la bolla del pesco, concimazione regolare e potatura accurata per rinnovare i rami fruttiferi.

Agrumi (Citrus spp.)

Caratteristiche dettagliate:

Gli agrumi sono piante sempreverdi che possono fruttificare più volte l'anno, offrendo una produzione continua in climi favorevoli. Le foglie lucide, i fiori profumati e i frutti colorati rendono gli agrumi anche altamente decorativi.

Stagionalità:

- Fioritura: variabile, con alcune varietà che fioriscono più volte l'anno.
- Raccolta dei frutti: dipende dalla specie. Ad esempio:
- Limone: tutto l'anno (con picchi in inverno).
- Arancia: da dicembre a marzo.
- Mandarino: da novembre a febbraio.

Requisiti per una crescita sana:

- Clima: Caldo e mediterraneo, con temperature minime superiori a 5 °C. Nelle zone fredde, è consigliabile coltivarli in vaso per proteggerli in inverno.
- Terreno: Leggero, sabbioso e ben drenato, con un pH tra 6,0 e 7,0.
- Esposizione: Sole pieno, con riparo dal vento.
- Cure: Irrigazione costante ma senza ristagni, concimazione con fertilizzanti ricchi di azoto, fosforo e potassio.

Suggerimenti Generali per Tutte le Piante da Frutto

Posizionamento: Pianta gli alberi in luoghi ben esposti alla luce, preferibilmente lontani da edifici o alberi più alti che potrebbero ombreggiarli.

Irrigazione: Mantieni il terreno costantemente umido, soprattutto durante la stagione calda, evitando però ristagni che possono danneggiare le radici.

Concimazione: Utilizza compost o fertilizzanti specifici per piante da frutto per garantire una nutrizione bilanciata.

Monitoraggio: Controlla regolarmente lo stato di salute della pianta per individuare eventuali segni di malattie o parassiti.

Capitolo 2

Strumenti e Tecniche per una Potatura Facile

Gli Strumenti Necessari e Come Usarli in Sicurezza

La potatura è una delle operazioni fondamentali per la cura delle piante da frutto, e la scelta degli strumenti giusti è cruciale per ottenere risultati precisi e mantenere in salute le piante. Tuttavia, utilizzare questi strumenti senza le dovute precauzioni può mettere a rischio non solo la salute delle piante, ma anche la sicurezza di chi li utilizza. In questo capitolo esploreremo quali strumenti sono indispensabili, come usarli correttamente e le migliori pratiche per lavorare in sicurezza.

1. Strumenti Essenziali per la Potatura

Ogni tipo di taglio richiede un attrezzo specifico. Ecco un elenco degli strumenti principali e delle loro caratteristiche:

Forbici da Potatura

Le forbici da potatura sono lo strumento più comune e versatile, utilizzato per tagliare rami giovani e sottili, fino a un diametro di 2-3 cm.

Caratteristiche:

- Lame in acciaio inox o al carbonio per tagli puliti e precisi.

- Impugnatura ergonomica per ridurre l'affaticamento.
- Modelli a doppia lama (bypass) per tagli netti e senza schiacciature.

Uso:

Tieni le forbici con una mano salda e posiziona la lama vicino al nodo o alla gemma da tagliare. Evita di utilizzare le forbici su rami troppo spessi per non danneggiare lo strumento.

Cesoie per Rami Spessi

Questi attrezzi, noti anche come troncarami, sono progettati per tagliare rami con un diametro tra 3 e 5 cm.

Caratteristiche:

- Lame bypass o a incudine (quest'ultima ideale per rami secchi).
- Manici lunghi per una maggiore leva e minore sforzo.

Uso:

Posiziona le lame con precisione sul ramo e applica una pressione uniforme. Usa entrambe le mani per evitare movimenti bruschi.

Seghetto da Potatura

Il seghetto è indispensabile per rami di diametro superiore a 5 cm.

Caratteristiche:

- Lama corta e affilata, con denti progettati per tagliare sia in spinta che in trazione.
- Disponibile in versioni pieghevoli o con impugnature fisse.

Uso:

Effettua movimenti lenti e costanti, evitando di esercitare troppa pressione. Usa il seghetto per completare tagli netti senza strappare la corteccia.

Svettatoio Telescopico

Per raggiungere rami alti senza utilizzare una scala, lo svettatoio telescopico è uno strumento indispensabile.

Caratteristiche:

- Asta regolabile in alluminio o fibra di carbonio per leggerezza e resistenza.
- Lame bypass o seghetto integrato per tagli precisi.

Uso:

Regola l'asta alla lunghezza desiderata, posiziona la lama sul ramo e utilizza il sistema a corda o leva per effettuare il taglio.

Coltello da Innesto

Sebbene non sia uno strumento da potatura vero e proprio, il coltello da innesto è utile per rifinire tagli o lavorare su innesti.

Caratteristiche:

- Lama corta e affilata, spesso leggermente ricurva.

Uso:

Usalo per eliminare irregolarità sui tagli o per separare delicatamente le cortecce durante l'innesto.

2. Manutenzione degli Strumenti

Uno strumento ben mantenuto è essenziale per ottenere risultati precisi e ridurre il rischio di infezioni per la pianta.

Affilatura delle Lame

Usa una pietra per affilare o una lima per mantenere le lame sempre affilate. Una lama spuntata provoca tagli irregolari, difficili da guarire per la pianta.

Affila sempre seguendo l'angolazione originale della lama.

Pulizia e Disinfezione

Dopo ogni sessione di potatura, pulisci gli strumenti con un panno umido per rimuovere sporco e linfa.

Disinfetta le lame con alcol o una soluzione di acqua e candeggina (1:10) per prevenire la trasmissione di malattie da una pianta all'altra.

Lubrificazione e Conservazione

Applica un olio lubrificante sulle giunture e sulle lame per prevenire la ruggine.

Conserva gli strumenti in un luogo asciutto e protetto.

3. Sicurezza Durante la Potatura

Lavorare con attrezzi affilati e rami pesanti richiede attenzione e precauzioni per evitare incidenti.

Equipaggiamento di Sicurezza

Guanti da lavoro: Proteggono le mani da tagli, spine e abrasioni.

Occhiali protettivi: Utili per evitare che schegge di legno o polvere finiscano negli occhi.

Scarpe antiscivolo: Essenziali per avere stabilità, soprattutto su superfici umide o inclinate.

Precauzioni per il Lavoro in Altezza

Usa scale robuste: Scegli una scala stabile con piedini antiscivolo.

Mai lavorare da soli: Avere qualcuno che tiene la scala o assiste può prevenire incidenti.

Alternativa: Utilizza uno svettatoio telescopico per evitare di salire sugli alberi.

Tecniche di Taglio Sicuro

Mantieni sempre il controllo degli strumenti: tieni saldamente l'impugnatura e assicurati che le lame siano ben posizionate prima di tagliare.

Taglia con movimenti lenti e controllati, evitando di applicare forza eccessiva.

Lavora in direzione opposta al tuo corpo per ridurre il rischio di ferirti in caso di slittamento.

4. Consigli Pratici per una Potatura Efficace e Sicura

Pianifica il lavoro: Valuta in anticipo i rami da tagliare e i potenziali rischi.

Riposati quando necessario: Lavorare con attrezzi affilati può essere faticoso; fermati per evitare errori dovuti alla stanchezza.

Conosci i tuoi strumenti: Familiarizza con il funzionamento di ogni attrezzo prima di iniziare.

Rimuovi gli ostacoli: Assicurati che l'area intorno all'albero sia libera da oggetti che potrebbero intralciarti.

5. Un Taglio Sicuro per Alberi Sani e Operazioni Senza Problemi

La combinazione di strumenti di qualità, manutenzione regolare e tecniche di lavoro sicure garantisce non solo la salute delle tue piante, ma anche la tua sicurezza personale. La potatura, con gli attrezzi giusti e un approccio attento, diventa un'attività piacevole e gratificante.

Dedicare tempo alla cura dei tuoi strumenti e al rispetto delle norme di sicurezza non è solo una questione di protezione, ma anche di valorizzare il tuo lavoro, assicurandoti alberi sani e raccolti di alta qualità.

Tipologie di Potatura: Formazione, Produzione e Rinnovo

La potatura è un'arte che richiede attenzione e conoscenza, ma con le tecniche giuste può trasformarsi in un'attività semplice e gratificante. Ogni pianta da frutto, per crescere sana e produttiva, ha bisogno di interventi specifici che cambiano in base alla fase della sua vita. La potatura può essere classificata in tre tipologie principali: **formazione**, **produzione** e **rinnovo**, ognuna con obiettivi e modalità diverse.

1. Potatura di Formazione: Modellare l'Albero nei Primi Anni

La potatura di formazione è essenziale nei primi anni di vita dell'albero, poiché serve a dare alla pianta una struttura solida ed equilibrata che favorirà la produzione di frutti nel tempo.

Obiettivi Principali

Creare una chioma ben bilanciata, che permetta alla luce e all'aria di penetrare facilmente.

Favorire lo sviluppo di rami principali forti, capaci di sostenere il peso dei frutti.

Prevenire la crescita disordinata o troppo fitta dei rami.

Quando Effettuarla

La potatura di formazione si esegue durante i primi 3-4 anni di vita della pianta, preferibilmente in inverno, quando l'albero è in riposo vegetativo.

Tecniche e Modalità

- Scelta dei rami principali:

Identifica 3-5 rami principali ben distribuiti intorno al tronco.

Rimuovi tutti i rami che crescono troppo vicini tra loro o che si incrociano.

- Accorciamento del fusto centrale:

Riduci l'altezza del tronco principale per incoraggiare lo sviluppo laterale.

Questo facilita la raccolta e la manutenzione negli anni futuri.

- Modellare la chioma:

Usa uno schema "a vaso" (aperto al centro) o "a piramide" (con un asse centrale dominante), a seconda della specie.

Esempio pratico:
Per un melo giovane, seleziona un tronco centrale e tre rami

laterali disposti a spirale. Taglia gli altri rami e accorcia i laterali per stimolare la crescita.

2. Potatura di Produzione: Massimizzare la Fruttificazione

Una volta che l'albero ha raggiunto la maturità produttiva (generalmente dopo 3-5 anni), l'obiettivo principale diventa ottimizzare la produzione di frutti.

Obiettivi Principali

Stimolare la formazione di nuovi rami fruttiferi.

Mantenere una chioma aperta per migliorare l'esposizione alla luce.

Rimuovere rami secchi, malati o improduttivi per preservare l'energia della pianta.

Quando Effettuarla

La potatura di produzione si effettua principalmente in inverno (potatura secca), ma può essere integrata con interventi estivi (potatura verde) per regolare la crescita.

Tecniche e Modalità

- Riconoscere i rami produttivi:

Individua i rami che portano gemme a fiore: sono più grossi e tondeggianti rispetto alle gemme a legno.

Lascia questi rami intatti per favorire la fruttificazione.

- Rimuovere rami vecchi e improduttivi:

I rami che hanno già prodotto frutti per più anni tendono a indebolirsi. Eliminali per stimolare la crescita di nuovi rami vigorosi.

- Diradare i rami interni:

Rimuovi i rami che crescono verso l'interno o che si incrociano, per favorire la ventilazione e ridurre il rischio di malattie fungine.

Esempio pratico:
In un pero adulto, taglia i rami deboli e lascia quelli con gemme a fiore ben distanziati tra loro. Assicurati che la luce raggiunga ogni parte della chioma.

3. Potatura di Rinnovo: Rivitalizzare Alberi Vecchi o Trascurati

Gli alberi più vecchi o trascurati possono perdere vigore e produrre pochi frutti di bassa qualità. La potatura di rinnovo è un intervento più drastico che serve a ringiovanire la pianta, favorendo la crescita di nuovi rami produttivi.

Obiettivi Principali

Eliminare i rami morti o troppo vecchi.

Stimolare la crescita di nuovi germogli vigorosi.

Ripristinare una forma equilibrata della chioma.

Quando Effettuarla

La potatura di rinnovo si esegue gradualmente, distribuita su 2-3 anni per evitare di stressare eccessivamente l'albero. Il periodo ideale è l'inverno.

Tecniche e Modalità

- Taglio dei rami principali:

Riduci drasticamente i rami più vecchi e sostituiscili con germogli nuovi.

Evita di tagliare più del 30% della chioma in un singolo anno per non indebolire l'albero.

- Sfoltire i rami sovrapposti:

Rimuovi i rami interni per favorire la crescita di nuovi getti più vigorosi.

- Stimolare nuovi germogli:

Taglia i rami deboli appena sopra una gemma forte, per favorire lo sviluppo di nuovi rami sani.

Esempio pratico:
In un albicocco vecchio e trascurato, elimina i rami secchi e riduci gradualmente la chioma principale. L'anno successivo, rimuovi ulteriori rami deboli e incoraggia la crescita dei nuovi getti.

Errori Comuni da Evitare

- Tagli eccessivi:

Rimuovere troppi rami in una sola volta può stressare la pianta e ridurre la produzione di frutti.

- Tagli imprecisi:

Evita di lasciare monconi o di tagliare troppo vicino al tronco, per non esporre l'albero a infezioni.

- Non riconoscere i rami produttivi:

Tagliare rami fruttiferi sani può ridurre drasticamente il raccolto.

Conclusione

Ogni tipo di potatura ha il suo scopo e il suo momento, ma tutte condividono lo stesso obiettivo: mantenere l'albero sano, produttivo e ben strutturato. Conoscere le differenze tra potatura di formazione, produzione e rinnovo permette di intervenire in modo mirato, rispettando le esigenze della pianta e massimizzandone il potenziale.

Imparare a osservare l'albero e comprendere il suo stato è il primo passo per eseguire tagli precisi e utili. La potatura non è solo una pratica tecnica, ma un dialogo continuo tra il giardiniere e le sue piante, un atto di cura che porta frutti in tutti i sensi.

Capitolo 3

Manutenzione delle Piante e Prevenzione dei Problemi

Una pianta da frutto sana non è solo il risultato di una potatura corretta, ma anche di una manutenzione costante. Irrigazione, concimazione e trattamenti preventivi svolgono un ruolo fondamentale per proteggere gli alberi da malattie e parassiti. In questo capitolo esploreremo le tecniche e gli accorgimenti più efficaci per mantenere le piante vigorose e produttive.

Come Mantenere le Piante Sane con Semplici Accorgimenti

La salute delle piante da frutto è il risultato di un equilibrio tra buone pratiche di manutenzione, prevenzione delle malattie e cura costante. Anche un piccolo frutteto può prosperare e produrre raccolti abbondanti se riceve attenzioni regolari. Seguendo alcuni accorgimenti semplici ma efficaci, è possibile mantenere gli alberi forti, sani e produttivi per molti anni.

1. La Base della Salute: Un Ambiente Adeguato

Il primo passo per avere piante sane è creare un ambiente favorevole alla loro crescita. Ogni albero da frutto ha esigenze specifiche, ma alcune regole generali possono essere applicate a tutte le specie:

Terreno di Qualità

Un terreno fertile e ben drenato è essenziale per fornire alle piante i nutrienti di cui hanno bisogno.

- Azione: Arricchisci il terreno con compost organico o letame ben decomposto almeno una volta l'anno, preferibilmente in autunno o in primavera.
- Controllo del pH: La maggior parte degli alberi da frutto preferisce un pH tra 6 e 7. Utilizza un kit per testare il terreno e apporta modifiche se necessario.

Esposizione Solare

Gli alberi da frutto richiedono almeno 6-8 ore di luce solare al giorno. Assicurati che non ci siano ostacoli come edifici o altre piante che possano creare ombra.

Drenaggio Adeguato

Evita i ristagni d'acqua, che possono favorire lo sviluppo di malattie fungine e marciumi radicali. Se il terreno è pesante, considera l'uso di aiuole rialzate.

2. Irrigazione Regolare e Bilanciata

L'acqua è fondamentale per la crescita delle piante, ma sia l'eccesso sia la carenza possono danneggiarle.

Quanta Acqua Serve?

- Alberi giovani: Irriga frequentemente, mantenendo il terreno umido ma non fradicio.
- Alberi maturi: Innaffia profondamente una volta a settimana, soprattutto durante i periodi secchi.

Metodi di Irrigazione

- Irrigazione a goccia: È il metodo più efficace per fornire acqua direttamente alle radici, riducendo sprechi e problemi di umidità sulle foglie.
- Pacciamatura: Uno strato di pacciamatura organica (come paglia o corteccia) intorno alla base degli alberi aiuta a conservare l'umidità e a mantenere una temperatura stabile nel terreno.

Consiglio Pratico: Evita di bagnare le foglie durante l'irrigazione, poiché l'umidità può favorire malattie come l'oidio.

3. Nutrizione e Concimazione

Le piante da frutto richiedono un apporto costante di nutrienti per crescere e produrre frutti di qualità.

Quando Concimare

- Primavera: Per stimolare la crescita e la fioritura.
- Autunno: Per rafforzare le piante in vista dell'inverno.

Quali Fertilizzanti Usare

- Compost organico: Ideale per migliorare la struttura del terreno e arricchirlo di nutrienti.
- Concimi specifici per alberi da frutto: Cerca prodotti ricchi di azoto (N), fosforo (P) e potassio (K). L'azoto favorisce la crescita delle foglie, il fosforo aiuta la fioritura e il potassio migliora la qualità dei frutti.

Tecnica di Applicazione

Distribuisci il fertilizzante intorno alla base dell'albero, evitando il contatto diretto con il tronco. Innaffia dopo l'applicazione per favorire l'assorbimento.

4. Prevenzione di Malattie e Parassiti

Osservazione Regolare

Controlla le piante settimanalmente per individuare segni di problemi, come foglie macchiate, rami secchi o presenza di insetti. Una diagnosi precoce può prevenire danni estesi.

Malattie Comuni

Ticchiolatura:

- **Segni:** Macchie scure su foglie e frutti.
- **Prevenzione:** Migliora la ventilazione con potature regolari e rimuovi foglie infette.

Bolla del Pesco:

- **Segni:** Foglie arricciate e scolorite.
- **Prevenzione:** Trattamenti preventivi con zolfo o rame durante il riposo vegetativo.

Oidio:

- **Segni:** Patina bianca sulle foglie.
- **Prevenzione:** Evita l'umidità sulle foglie e favorisci la circolazione d'aria nella chioma.

Parassiti Comuni

- Afidi: Piccoli insetti che succhiano la linfa dalle foglie.
- Cura Naturale: Spruzza una soluzione di acqua e sapone di Marsiglia sulle foglie.
- Carpocapsa: Larve che danneggiano i frutti dall'interno.
- Prevenzione: Utilizza trappole a feromoni per ridurre la popolazione.

5. Potatura Regolare

La potatura non solo modella la pianta, ma aiuta anche a mantenerla sana.

- Elimina i rami secchi o malati: Questo riduce il rischio di infezioni.
- Dirada i rami interni: Migliora la ventilazione e l'esposizione alla luce.

6. Protezione Invernale

Durante i mesi freddi, le piante da frutto possono soffrire per il gelo e il vento.

- Piante in vaso: Spostale in un luogo riparato o avvolgi i vasi con materiali isolanti.
- Piante in terra: Usa teli di protezione o coperture leggere per proteggere i rami giovani.

7. Collaborare con la Natura

Un frutteto sano si basa anche sull'equilibrio naturale.

- Insetti utili: Api e coccinelle aiutano nell'impollinazione e nel controllo dei parassiti. Pianta fiori come lavanda o calendula per attrarli.
- Erbe spontanee: Mantieni un piccolo angolo del frutteto con erbe spontanee che favoriscono la biodiversità.

Mantenere le piante sane non è complicato, ma richiede attenzione costante e un approccio equilibrato. Seguendo questi accorgimenti, ogni albero può prosperare, producendo frutti sani e abbondanti anno dopo anno. Con una routine ben organizzata e il rispetto per i cicli naturali delle piante, il frutteto diventerà un'oasi di bellezza e produttività.

Malattie Comuni e Parassiti: Riconoscere i Segni e Intervenire in Modo Naturale

Le piante da frutto, come ogni organismo vivente, possono essere attaccate da malattie e parassiti che ne compromettono la salute e la produttività. Imparare a riconoscere i primi segnali di un problema e intervenire tempestivamente è fondamentale per preservare il tuo frutteto. Utilizzare metodi naturali non solo protegge l'ambiente, ma mantiene anche il raccolto privo di residui chimici, garantendo una frutta sana e sicura.

1. Malattie Comuni delle Piante da Frutto

Le malattie delle piante da frutto sono spesso causate da funghi, batteri o virus. Ecco le più frequenti e come affrontarle in modo naturale.

Ticchiolatura (Melo e Pero)

- **Segni:**

Macchie scure su foglie, frutti e rami, che possono evolversi in lesioni.
Caduta precoce delle foglie.

- **Cause:**

Un fungo (Venturia inaequalis) favorito da condizioni umide e piovose.

- **Prevenzione e Cura Naturale:**

Potatura regolare per migliorare la ventilazione.
Trattamenti preventivi con poltiglia bordolese (miscela di rame e calce).
Rimuovere e bruciare le foglie infette cadute a terra.

Bolla del Pesco

- **Segni:**

Foglie arricciate, spesse e di colore rossastro o giallastro.

Rallentamento della crescita.

- **Cause:**

Un fungo (Taphrina deformans) che attacca durante il riposo invernale.

- **Prevenzione e Cura Naturale:**

Spruzzare zolfo o poltiglia bordolese durante l'inverno.

Rimuovere e distruggere le foglie infette.

Rafforzare la pianta con decotti di equiseto, utili per aumentare le difese naturali.

Muffa Grigia

- **Segni:**

Uno strato di muffa polverosa grigia su foglie, rami e frutti.

Frutti marci e deperimento generale della pianta.

- **Cause:**

Un fungo (Botrytis cinerea) che prolifera in condizioni di umidità.

- **Prevenzione e Cura Naturale:**

Evitare ristagni d'acqua e assicurare una buona esposizione alla luce.

Trattamenti con estratti di aglio o propoli.

Oidio (Mal Bianco)

- **Segni:**

Patina bianca e polverosa su foglie e germogli.

Arresto della crescita e deformazione delle foglie.

- **Cause:**

Un fungo che si diffonde in condizioni di umidità e scarsa ventilazione.

- **Prevenzione e Cura Naturale:**

Trattamenti con bicarbonato di sodio (5 g/litro) diluito in acqua.

Evitare annaffiature serali per ridurre l'umidità.

2. Parassiti Comuni delle Piante da Frutto

Gli insetti parassiti possono attaccare foglie, rami e frutti, sottraendo linfa vitale alla pianta o provocando danni diretti al raccolto.

Afidi

- **Segni:**

Foglie accartocciate e appiccicose (melata prodotta dagli afidi).

Presenza di insetti piccoli e verdi, neri o marroni sulle gemme e sui rami.

- **Prevenzione e Cura Naturale:**

Introduci coccinelle nel frutteto, predatori naturali degli afidi.

Spruzza una soluzione di acqua e sapone di Marsiglia (15 g/litro).

Usa l'olio di neem, un repellente naturale.

Carpocapsa (Tignola delle Mele)

- **Segni:**

Frutti bucati, con larve visibili all'interno.

Caduta prematura dei frutti infestati.

- **Prevenzione e Cura Naturale:**

Utilizza trappole a feromoni per ridurre la popolazione adulta.

Raccogli e distruggi i frutti caduti a terra.

Applica una polvere di roccia (caolino) sui frutti per creare una barriera fisica contro le larve.

Cocciniglia

- **Segni:**
- Presenza di scaglie bianche o marroni sui rami e sulle foglie.

Foglie ingiallite e caduta precoce.

- **Prevenzione e Cura Naturale:**

Pulisci i rami con una spazzola morbida per rimuovere le cocciniglie.

Spruzza olio bianco biologico durante l'inverno per soffocare le uova.

Mosca della Frutta

- **Segni:**

Frutti con punture scure e polpa danneggiata.

- **Prevenzione e Cura Naturale:**

Installa trappole con esche naturali, come aceto o zucchero fermentato.

Copri i frutti con reti sottili per proteggerli dagli adulti.

3. Strategie Generali di Prevenzione Naturale

Oltre a interventi specifici, adottare buone pratiche generali è essenziale per mantenere il frutteto sano e ridurre il rischio di problemi.

Ventilazione e Luminosità

La potatura regolare aiuta a prevenire l'umidità stagnante, riducendo il rischio di malattie fungine.

Igiene del Frutteto

Rimuovi foglie, rami e frutti caduti a terra, che possono fungere da serbatoio per patogeni e parassiti.

Biodiversità e Predatori Naturali

Attira insetti utili come coccinelle e sirfidi piantando fiori come calendula, lavanda e trifoglio.

Mantieni un equilibrio naturale, evitando pesticidi chimici che possono uccidere anche gli insetti benefici.

Trattamenti Preventivi

Applicare trattamenti a base di rame e zolfo durante il riposo vegetativo riduce la probabilità di infezioni fungine.

Usa decotti di equiseto o macerati di ortica per rafforzare le difese delle piante.

4. Quando Rivolgersi a un Esperto?

Se una malattia o un'infestazione si diffonde rapidamente nonostante gli interventi, può essere utile consultare un esperto o un agronomo per valutare la situazione e individuare strategie mirate.

Conclusione

Prendersi cura delle piante da frutto richiede attenzione e un occhio allenato per individuare problemi sul nascere. Con un approccio preventivo e l'uso di rimedi naturali, è possibile proteggere il frutteto e ottenere raccolti sani e abbondanti. Ogni intervento naturale non solo contribuisce alla salute delle piante, ma rispetta anche l'equilibrio dell'ecosistema, garantendo un frutteto rigoglioso e sostenibile per anni a venire.

Capitolo 4

Coltivare un frutteto domestico sostenibile

Pianificazione e Realizzazione di un Piccolo Frutteto

Creare un frutteto domestico non è solo un modo per avere frutta fresca a portata di mano, ma anche un'occasione per immergersi in un'attività che arricchisce il corpo e lo spirito. Anche con uno spazio limitato, è possibile progettare un frutteto che soddisfi le esigenze di una famiglia, doni bellezza al giardino e contribuisca a un ambiente più sostenibile. Ma come fare? La chiave è nella pianificazione accurata e nell'attenzione ai dettagli.

Scegliere il Luogo Ideale

Il primo passo per creare un frutteto è individuare la posizione migliore all'interno del proprio spazio. Gli alberi da frutto hanno bisogno di luce solare per produrre raccolti abbondanti, quindi è essenziale scegliere un'area che riceva almeno 6-8 ore di sole al giorno.

Oltre alla luce, considera anche:

- Il vento: Proteggi il frutteto dai venti forti con barriere naturali, come siepi, che riducono il rischio di danni ai rami.
- Il drenaggio del terreno: Gli alberi non amano i ristagni d'acqua. Se il terreno è pesante o argilloso, valuta di mi-

gliorarlo con sabbia e materia organica o di creare aiuole rialzate.
- La distanza da edifici o altre piante: Gli alberi da frutto necessitano di spazio per crescere. Una distanza adeguata evita ombreggiamenti e competizione per l'acqua e i nutrienti.

Scegliere le Piante Giuste

Ogni frutteto è unico, perché deve adattarsi al clima locale, alle preferenze personali e allo spazio disponibile.

- Clima e varietà adatte:

Alcune piante, come gli agrumi, richiedono un clima caldo, mentre meli e peri si adattano anche a zone più fresche. Informati sulle varietà resistenti nella tua area: un vivaista locale può darti ottimi consigli.

- Piante autofertili o impollinatori:

Se hai spazio per pochi alberi, scegli varietà autofertili, che non necessitano di un'altra pianta per fruttificare. Se invece preferisci specie che richiedono impollinatori (come alcuni tipi di ciliegi), pianifica di piantare almeno due alberi compatibili tra loro.

- Dimensioni delle piante:

In un piccolo frutteto, opta per alberi nani o semi-nani. Questi varietà più compatte sono perfette per giardini o addirittura per la coltivazione in vaso.

Progettare il Frutteto

Un progetto ben pensato è fondamentale per sfruttare al meglio lo spazio e assicurare che ogni albero cresca sano e produttivo.

- Layout del frutteto:

Organizza le piante in base alla loro dimensione matura. Posiziona alberi più alti sul lato nord per evitare che facciano ombra a quelli più piccoli. Rispetta le distanze consigliate: per alberi nani bastano 1,5-2 metri tra una pianta e l'altra, mentre quelli standard richiedono almeno 4 metri.

- Combinazioni di piante:

Considera di integrare il frutteto con arbusti di piccoli frutti, come lamponi, mirtilli o ribes, per massimizzare lo spazio e ottenere raccolti diversificati.

- Spazi di accesso:

Lascia dei sentieri o spazi liberi per muoverti comodamente tra gli alberi per la raccolta e la manutenzione.

Preparare il Terreno

Un terreno fertile e ben preparato è la base per un frutteto sano. Prima di piantare, rimuovi erbe infestanti e migliora il suolo con compost o letame ben decomposto. Se il terreno è troppo acido o troppo alcalino, correggilo con prodotti specifici.

Per ogni albero:

- Scava una buca larga e profonda almeno il doppio delle radici.
- Aggiungi uno strato di compost sul fondo e mescolalo con il terreno esistente.

Assicurati che il colletto della pianta (il punto dove le radici incontrano il tronco) sia appena sopra il livello del suolo.

Primi Passi Dopo la Piantagione

Una volta piantati gli alberi, è importante prendersene cura nei primi anni per garantire una crescita robusta.

- Annaffiatura regolare:

Le giovani piante hanno bisogno di annaffiature frequenti, soprattutto nei mesi caldi. Assicurati che il terreno rimanga umido, ma non fradicio.

- Pacciamatura:

Applica uno strato di pacciamatura organica intorno alla base degli alberi per mantenere l'umidità e prevenire la crescita delle erbe infestanti.

- Protezione dai parassiti:

Usa reti o barriere per proteggere i giovani alberi dagli animali, come uccelli o roditori.

- Potatura iniziale:

Forma la struttura dell'albero con potature leggere nei primi due anni. Questo aiuta a sviluppare una chioma equilibrata e robusta.

Un Frutteto per il Futuro

La realizzazione di un piccolo frutteto è un progetto che richiede pazienza, ma i risultati ripagano ogni sforzo. Ogni stagione porta nuove soddisfazioni: dalla prima fioritura al primo raccolto, ogni albero diventa una parte viva del giardino e della famiglia.

Un frutteto domestico non è solo una fonte di cibo sano e sostenibile, ma un investimento per il futuro, un regalo per le generazioni che verranno.

L'Importanza della Biodiversità e degli Insetti Impollinatori

Un frutteto non è solo un insieme di alberi che producono frutta; è un ecosistema vivente, dove ogni elemento contribuisce al delicato equilibrio della natura. Tra questi, la biodiversità e gli insetti impollinatori svolgono un ruolo fondamentale per garantire non solo raccolti abbondanti, ma anche la salute generale delle piante. Comprendere e promuovere la biodiversità nel tuo frutteto può trasformarlo in un luogo rigoglioso, produttivo e in armonia con l'ambiente.

Biodiversità: Un Pilastro per la Salute del Frutteto

La biodiversità si riferisce alla varietà di organismi viventi in un dato ecosistema. In un frutteto, ciò include non solo gli alberi da frutto, ma anche altre piante, insetti, uccelli, piccoli animali e microrganismi nel suolo.

Un frutteto con una ricca biodiversità è più resistente alle malattie, ai parassiti e agli eventi climatici estremi. Perché? Perché ogni componente del sistema gioca un ruolo unico:

Le piante diverse arricchiscono il terreno: Le radici di specie differenti rilasciano nutrienti vari nel suolo, creando un ambiente più fertile per tutti gli alberi.

I predatori naturali controllano i parassiti: Uccelli e insetti utili si nutrono di afidi, cocciniglie e altri parassiti dannosi, riducendo la necessità di interventi chimici.

Gli impollinatori assicurano la fruttificazione: Senza insetti come api, farfalle e bombi, molti alberi da frutto non potrebbero produrre frutti.

Promuovere la biodiversità non è solo una scelta ecologica, ma anche una strategia pratica per aumentare la qualità e la quantità dei raccolti.

Insetti Impollinatori: Gli Alleati Silenziosi del Frutteto

Gli insetti impollinatori, come api domestiche, api selvatiche, bombi, farfalle e persino alcuni coleotteri, sono indispensabili per la produzione di frutta. Durante il loro volo tra i fiori in cerca di nettare e polline, trasportano il polline da un fiore all'altro, favorendo la fecondazione. Questo processo è essenziale per lo sviluppo dei frutti in molte specie, come meli, peri, ciliegi e agrumi.

Il Ruolo delle Api

Tra tutti gli impollinatori, le api sono le protagoniste indiscusse:

- Api domestiche: Allevate dagli apicoltori, sono efficienti impollinatrici per molte colture. Tuttavia, la loro popolazione è in declino a causa di pesticidi, malattie e perdita di habitat.
- Api selvatiche: Spesso sottovalutate, le api selvatiche sono altrettanto, se non più, importanti. Specie come le osmie e le megachilidi sono eccellenti impollinatrici, specialmente per i frutti a fioritura precoce come albicocche e ciliegi.

Benefici degli Impollinatori per il Frutteto

- Aumento della resa: Alberi con fiori impollinati correttamente producono più frutti.
- Qualità dei frutti migliorata: Una buona impollinazione porta a frutti più grandi, uniformi e gustosi.
- Salute delle piante: Gli impollinatori favoriscono la diversità genetica, che rende gli alberi più resistenti a malattie e stress ambientali.

Come Promuovere la Biodiversità nel Frutteto

Piantare piante da fiore per attirare gli insetti utili

Integra il tuo frutteto con fiori che attraggono api, farfalle e altri impollinatori. Lavanda, calendula, trifoglio e girasoli sono ottimi esempi. La fioritura continua durante le stagioni fornisce cibo agli insetti anche quando gli alberi da frutto non sono in fiore.

Creare rifugi per gli impollinatori

- Hotel per insetti: Costruisci o acquista piccoli rifugi fatti di legno e bambù per api solitarie.
- Muri a secco o tronchi: Lascia spazi naturali dove gli insetti possano nidificare.
- Evitare pesticidi chimici

I pesticidi non selettivi uccidono sia i parassiti che gli insetti utili. Opta per trattamenti naturali come il sapone di Marsiglia o l'olio di neem, applicati solo quando necessario e mai durante la fioritura.

Diversificare le piante nel frutteto

Pianta varietà diverse di alberi da frutto, arbusti e altre piante. Questo non solo attira una maggiore varietà di impollinatori, ma aiuta anche a ridurre la diffusione di malattie.

Lasciare spazi selvaggi

Dedica un angolo del frutteto a una piccola area selvaggia. Erbe spontanee come tarassaco, achillea e trifoglio sono cibo prezioso per gli insetti.

Un Frutteto in Equilibrio con la Natura

Promuovere la biodiversità e proteggere gli impollinatori non è solo un atto di cura per il tuo frutteto, ma anche un contributo alla salute del pianeta. I benefici di un approccio sostenibile non si limitano alla produzione di frutti: creerai un ecosistema vibrante, in cui ogni organismo gioca un ruolo.

E quando in primavera sentirai il ronzio delle api tra i fiori o vedrai una farfalla posarsi su un ramo, saprai che il tuo frutteto non è solo un luogo di lavoro, ma un rifugio per la vita. Questo legame profondo tra l'uomo e la natura è forse il raccolto più prezioso di tutti.

Frutteti in Spazi Ridotti: Coltivazione in Vaso e Giardini Verticali

L'idea di avere un frutteto può sembrare un sogno lontano per chi vive in città o dispone di uno spazio limitato. Tuttavia, con le tecniche giuste e un pizzico di creatività, è possibile coltivare alberi da frutto anche in piccoli giardini, terrazze o balconi. La coltivazione in vaso e i giardini verticali offrono soluzioni pratiche per trasformare anche il più ridotto degli spazi in un angolo verde, ricco di vita e, naturalmente, di frutti freschi.

Coltivazione in Vaso: Alberi da Frutto a Portata di Mano

Gli alberi da frutto coltivati in vaso sono una soluzione perfetta per chi vuole combinare estetica e funzionalità. Questa tecnica è ideale per terrazzi, cortili o balconi, dove lo spazio e la gestione sono limitati.

Scegliere le Piante Giuste

Non tutti gli alberi da frutto sono adatti alla coltivazione in vaso. È importante scegliere varietà che rimangano compatte o che abbiano radici poco invadenti.

- Alberi nani o semi-nani: Meli, peri, pesche e ciliegi nani sono perfetti per i vasi grazie alle loro dimensioni ridotte.
- Agrumi in vaso: Limoni, mandarini e kumquat si adattano particolarmente bene alla vita in contenitori e regalano anche un tocco mediterraneo all'ambiente.
- Piccoli frutti: Piante come lamponi, mirtilli e ribes sono eccellenti per vasi di medie dimensioni e producono raccolti abbondanti.

La Scelta del Vaso

Un vaso adeguato è fondamentale per il successo della coltivazione:

- Materiale: Scegli vasi in terracotta per una migliore traspirazione o in plastica per un peso ridotto.
- Dimensioni: Un contenitore di almeno 40-50 cm di diametro è ideale per alberi nani o agrumi. Assicurati che il vaso abbia fori di drenaggio per evitare ristagni d'acqua.

Preparare il Substrato

Le piante in vaso dipendono interamente dal terreno che offri loro, quindi è importante preparare un substrato fertile e drenante:

Miscela terriccio universale di qualità con sabbia e compost.

Aggiungi argilla espansa o pietre sul fondo del vaso per migliorare il drenaggio.

Cura delle Piante in Vaso

- Irrigazione: Le piante in vaso si asciugano più rapidamente rispetto a quelle in piena terra. Innaffia regolarmente, specialmente nei mesi estivi, ma evita i ristagni.
- Concimazione: Usa fertilizzanti liquidi ogni 2-3 settimane durante la stagione di crescita per mantenere le piante vigorose e produttive.
- Potatura: Controlla la crescita e mantieni una forma compatta potando i rami troppo lunghi.
- Protezione in inverno: Sposta i vasi in un luogo riparato o proteggili con teli per evitare danni da gelo.

Giardini Verticali: Sfruttare l'Altezza

Quando lo spazio orizzontale è limitato, l'altezza diventa un'opportunità. I giardini verticali consentono di coltivare frutta, verdura e piante aromatiche sfruttando pareti, griglie e supporti.

Strutture per Giardini Verticali

Esistono molte soluzioni creative per costruire un giardino verticale:

- Pareti verdi modulari: Pannelli preassemblati con tasche per piante, perfetti per piccoli balconi.
- Graticci e pergolati: Ideali per piante rampicanti come uva, kiwi o lamponi.
- Scaffali con vasi: Una struttura semplice che permette di coltivare fragole, pomodori ciliegini o mirtilli in diversi livelli.

Piante Adatte ai Giardini Verticali

Alcune specie si prestano particolarmente bene alla coltivazione verticale:

- Fragole: Perfette per crescere in tasche verticali o vasi appesi.
- Uva e kiwi: Le loro viti possono essere guidate lungo graticci per creare un pergolato produttivo e decorativo.
- Mirtilli e ribes: Arbusti compatti che si adattano facilmente a contenitori verticali.

Consigli Pratici per un Giardino Verticale

- Esposizione: Posiziona il giardino verticale in un'area ben illuminata. La maggior parte delle piante da frutto richiede almeno 6 ore di sole al giorno.
- Irrigazione e drenaggio: I sistemi verticali richiedono un'irrigazione uniforme. Puoi installare un sistema di irrigazione a goccia per semplificare il lavoro.
- Sostegni robusti: Assicurati che le strutture verticali siano saldamente fissate per sostenere il peso delle piante mature e dei frutti.

Vantaggi dei Frutteti in Spazi Ridotti

La coltivazione in vaso e i giardini verticali non sono solo una soluzione pratica per chi ha poco spazio, ma offrono anche numerosi vantaggi:

- Flessibilità: I vasi possono essere spostati per seguire il sole o proteggere le piante in inverno.
- Estetica: Un giardino verticale o una fila di vasi ben curati aggiungono bellezza a balconi e terrazzi.
- Sostenibilità: Coltivare la propria frutta riduce gli sprechi e le emissioni legate al trasporto di alimenti.

Cura le tue piante, gusta i suoi frutti

Un Mini Frutteto, Grandi Soddisfazioni

Non importa quanto sia piccolo lo spazio a disposizione: con un po' di pianificazione e cura, è possibile creare un frutteto in miniatura capace di regalare frutta fresca e momenti di gioia. La coltivazione in vaso e i giardini verticali non sono solo una sfida pratica, ma un invito a innovare, a sperimentare e a costruire un legame personale con la natura.

Ogni fiore che si apre e ogni frutto che matura raccontano una storia di pazienza e dedizione, dimostrando che anche nei luoghi più inaspettati può germogliare un piccolo paradiso.

Capitolo 5

Raccolta della frutta al momento giusto

Come Capire Quando la Frutta è Pronta per la Raccolta

Raccogliere la frutta al momento giusto è un'arte che combina osservazione, esperienza e sensibilità. Una mela colta troppo presto può risultare acerba e priva di sapore, mentre un'arancia lasciata troppo a lungo sull'albero rischia di perdere la sua dolcezza e freschezza. Imparare a riconoscere i segnali che indicano la maturazione ottimale è fondamentale per ottenere frutta di qualità, piena di gusto e nutrienti.

Segnali di Maturazione: Occhio, Tatto e Olfatto

Ogni tipo di frutto ha caratteristiche specifiche che indicano il momento ideale per la raccolta. Sviluppare una connessione con le tue piante e osservarle da vicino ti permetterà di cogliere questi segnali.

<u>Osserva il Colore</u>

Il cambiamento di colore è uno dei segnali più evidenti della maturazione.

- Mele e Pere: Il colore della buccia passa da verde a sfumature gialle o rosse, a seconda della varietà.

- Pesche e Nettarine: Devono essere uniformemente colorate, senza aree verdi.
- Agrumi: Gli agrumi maturi assumono un colore uniforme, ma attenzione: alcune varietà possono restare verdi all'esterno anche quando sono pronte all'interno.

Tocca il Frutto

La consistenza della frutta cambia durante la maturazione.

- Pesche e Albicocche: Devono essere leggermente morbide al tatto, senza essere molli.
- Agrumi: Una buccia liscia e uniforme è segno di maturità, mentre una buccia rugosa può indicare un frutto troppo maturo.
- Melograni: Il frutto deve essere sodo, con una buccia brillante e tesa.

Annusa il Frutto

L'aroma è un indicatore importante, soprattutto per frutti dolci.

- Pesche e Albicocche: Sprigionano un profumo intenso e fruttato.
- Meloni: L'estremità opposta al picciolo emana un profumo dolce quando sono maturi.

Metodi Specifici per Verificare la Maturazione

Ogni tipo di frutto ha i suoi metodi specifici per determinare la maturazione. Ecco alcune tecniche utili:

- Mele e Pere

Tieni il frutto con una mano e sollevalo leggermente. Se si stacca facilmente dal ramo con un movimento rotatorio, è pronto per essere raccolto.

Controlla i semi: nelle mele e nelle pere mature, i semi sono di colore marrone scuro.

- Agrumi (Arance, Limoni, Mandarini)

La cura delle piante da frutto

Gli agrumi non continuano a maturare una volta raccolti, quindi è essenziale coglierli al momento giusto. Assaggia un frutto per verificarne il gusto: un equilibrio tra dolcezza e acidità indica la maturità perfetta.

- Pesche e Nettarine

La maturazione avviene velocemente una volta raggiunto il picco. Controlla che il frutto si stacchi facilmente dal ramo e che la polpa sia morbida al tatto.

- Uva

I chicchi devono essere uniformemente colorati e dolci al gusto. Una leggera pressione deve rilasciare un succo limpido.

- Melograni

Quando il frutto inizia a mostrare lievi crepe sulla buccia e il colore è rosso intenso, è pronto.

- Fichi

I fichi maturi sono morbidi e leggermente appesantiti dalla dolcezza. Se il frutto inizia a secernere un liquido zuccherino dall'estremità, è il momento perfetto per raccoglierlo.

Raccolta Graduale o Totale?

Non tutta la frutta deve essere raccolta in una volta. Alcuni alberi, come il melo, producono frutti che maturano progressivamente. In questi casi, è consigliabile fare raccolte regolari per ottenere frutta sempre al massimo della qualità.

Altri, come i fichi e gli agrumi, possono essere lasciati sull'albero più a lungo, permettendo una raccolta più dilazionata.

Strumenti per una Raccolta Sicura

La raccolta non è solo questione di tempismo, ma anche di tecnica e strumenti adeguati.

Forbici da raccolta: Utili per tagliare delicatamente il picciolo senza danneggiare il frutto o il ramo.

Cestini e cassette: Evita di sovrapporre troppi strati di frutta, per prevenire ammaccature.

Raccoglitori telescopici: Ideali per frutti difficili da raggiungere, come quelli sugli alberi più alti.

Cosa Succede Dopo la Raccolta?

È importante sapere che non tutti i frutti maturano nello stesso modo una volta raccolti.

Frutti climaterici: Mele, pere, pesche e banane continuano a maturare dopo la raccolta. Puoi lasciarli a temperatura ambiente per qualche giorno per sviluppare il massimo del sapore.

Frutti non climaterici: Agrumi, uva, ciliegie e fragole non maturano ulteriormente. Devono essere raccolti solo quando sono pronti per il consumo.

Raccolta e Sostenibilità

Quando raccogli la frutta, cerca di non sprecare nulla. Frutti leggermente danneggiati possono essere utilizzati per marmellate, succhi o compost. Inoltre, lascia qualche frutto sugli alberi per gli uccelli o gli insetti, contribuendo così all'ecosistema del tuo frutteto.

Un Momento di Connessione con la Natura

La raccolta della frutta è un'esperienza gratificante, che va oltre il semplice gesto di staccare un frutto dall'albero. È il culmine di mesi di cure, attenzioni e osservazioni. Ogni frutto raccolto è un premio per la dedizione e un'opportunità per godere dei sapori autentici della natura.

Riconoscere i segnali della maturazione ti permetterà di vivere questo momento con consapevolezza, apprezzando non solo il frutto in sé, ma anche il percorso che ti ha portato fino a quel raccolto perfetto.

Metodi di Conservazione per Preservare Freschezza e Sapore

La frutta appena raccolta è un dono prezioso della natura, ma non sempre può essere consumata immediatamente. Per evitare sprechi e godere dei suoi sapori autentici anche a distanza di settimane o mesi, è fondamentale adottare metodi di conservazione che mantengano la freschezza, il gusto e i nutrienti della frutta. Esistono diverse tecniche, ognuna adatta a specifici tipi di frutta e alle esigenze di chi le utilizza.

1. Conservazione Naturale: Frutta Fresca a Lunga Durata

Alcune varietà di frutta, come mele, pere e agrumi, si prestano particolarmente bene alla conservazione naturale, mantenendosi fresche per settimane o addirittura mesi senza trattamenti complessi.

Condizioni Ideali

- Temperatura: Conserva la frutta in un ambiente fresco (0-7 °C) per rallentare il processo di maturazione.
- Umidità: Un'umidità moderata (circa il 90%) previene la disidratazione senza favorire muffe.
- Ventilazione: Una buona circolazione d'aria riduce il rischio di accumulo di etilene, un gas prodotto naturalmente dalla frutta che accelera la maturazione.

Accorgimenti Pratici

- Mele e Pere: Disponile in cassette di legno o plastica con uno strato di carta tra i frutti per evitare ammaccature. Controlla regolarmente ed elimina eventuali frutti danneggiati per prevenire la diffusione di marciumi.
- Agrumi: Conserva i limoni e le arance in una rete appesa o in un cassetto del frigorifero per garantire la freschezza.

2. Refrigerazione: Freschezza per la Frutta Delicata

La refrigerazione è essenziale per preservare frutti delicati come fragole, mirtilli, ciliegie e fichi, che si deteriorano rapidamente a temperatura ambiente.

Come Conservare in Frigorifero

Lava i frutti solo prima del consumo per evitare che l'umidità favorisca la formazione di muffe.

Avvolgi i frutti in un panno o riponili in contenitori con fori per garantire la circolazione dell'aria.

Durata indicativa:

Fragole e mirtilli: 3-5 giorni.

Ciliegie: Fino a 7 giorni.

Fichi: 2-3 giorni.

Consiglio Pratico

Conserva frutti sensibili all'etilene (come le fragole) lontano da mele e banane, che ne rilasciano grandi quantità e accelerano il deterioramento.

3. Congelamento: Conservare il Gusto della Stagione

Il congelamento è uno dei metodi più efficaci per conservare la frutta a lungo termine, mantenendo gran parte dei nutrienti e del sapore. È ideale per frutti morbidi o per quelli che desideri utilizzare successivamente per frullati, dolci o marmellate.

Come Congelare la Frutta

Preparazione:

- Lava e asciuga accuratamente i frutti.
- Sbuccia frutti come pesche e mele, se necessario.
- Taglia i frutti in pezzi, rimuovendo noccioli e semi.

Congelamento Singolo: Disponi i pezzi di frutta su un vassoio in un unico strato e congelali per 2-3 ore. Questo evita che i pezzi si attacchino.

Conservazione: Trasferisci i frutti congelati in sacchetti o contenitori ermetici. Rimuovi l'aria il più possibile per prevenire bruciature da congelamento.

Durata Indicativa

Frutti di bosco: 6-12 mesi.

Pesche e albicocche: 8-10 mesi.

Mele (a fette): Fino a 12 mesi.

4. Essiccazione: Conservazione Lunga e Sapori Intensificati

L'essiccazione è un metodo antico ma ancora attuale per conservare la frutta, riducendone il contenuto d'acqua fino al 90%. La frutta essiccata è ideale come snack o per arricchire ricette dolci e salate.

Come Essiccare la Frutta

Essiccatore: Utilizza un essiccatore elettrico per risultati rapidi e uniformi.

Forno: Disponi la frutta su una teglia foderata di carta da forno e imposta una temperatura bassa (circa 50 °C). Lascia lo sportello del forno leggermente aperto per favorire la fuoriuscita dell'umidità.

Sole: In climi caldi e secchi, puoi essiccare la frutta all'aperto, coprendola con una rete per proteggerla dagli insetti.

Frutti Ideali per Essiccazione

Mele e pere (a fette).

Prugne e albicocche (dopo aver rimosso il nocciolo).

Fichi e uva (per ottenere fichi secchi e uvetta).

5. Conservazione in Barattolo: Marmellate e Composte

Trasformare la frutta in marmellate, composte o sciroppi è un metodo classico per preservarne il sapore.

Preparazione: Cuoci la frutta con zucchero e succo di limone per ottenere la giusta consistenza.

Conservazione: Versa il prodotto caldo in barattoli sterilizzati e chiudi ermeticamente.

Durata: Marmellate e composte si conservano fino a un anno se riposte in un luogo fresco e asciutto.

6. Sottovuoto: Freschezza senza Congelatore

Conservare la frutta sottovuoto, utilizzando appositi sacchetti e macchine, prolunga la freschezza riducendo l'esposizione all'ossigeno. Questo metodo è particolarmente utile per frutti che non vuoi congelare ma desideri mantenere freschi più a lungo.

Sostenibilità e Zero Sprechi

Ogni metodo di conservazione può essere adattato per ridurre al minimo gli sprechi. Frutti troppo maturi possono essere trasformati in succhi o marmellate, mentre bucce e scarti possono essere compostati per arricchire il terreno del tuo frutteto.

Conclusione

Preservare la freschezza e il sapore della frutta è un'arte che valorizza il lavoro dedicato al tuo frutteto. Con i metodi giusti, puoi godere dei tuoi raccolti tutto l'anno, assaporando la dolcezza della natura in ogni stagione. Conservare non significa solo prolungare la vita della frutta, ma anche creare un legame più profondo con il cibo che coltivi.

Primi Passi verso la Trasformazione del Raccolto

La raccolta della frutta è solo l'inizio di un processo che può portare a un'infinità di creazioni deliziose e salutari. La trasformazione del raccolto è un'arte che permette di valorizzare i frutti del proprio lavoro, prolungandone la vita e diversificandone gli utilizzi. Dalle marmellate ai succhi, dagli essiccati alle conserve, i primi passi verso la trasformazione della frutta richiedono pochi strumenti, un po' di creatività e l'attenzione alla qualità del prodotto.

1. Valorizzare il Raccolto: Conoscere la Frutta a Disposizione

Non tutta la frutta raccolta si presenta perfetta per il consumo fresco, ma ogni pezzo può essere utilizzato in modo intelligente. Prima di iniziare la trasformazione, valuta lo stato della frutta:

Frutta fresca e integra: Perfetta per succhi, estratti, conserve e dolci.

Frutta troppo matura: Ideale per marmellate, composte, sciroppi e frullati.

Frutta danneggiata: Rimuovi le parti compromesse e utilizza il resto per succhi, aceti naturali o compost.

Consiglio Pratico: Pianifica la trasformazione il prima possibile dopo la raccolta. La frutta fresca è più ricca di nutrienti e mantiene meglio il sapore.

2. Gli Strumenti Essenziali

Prima di iniziare, assicurati di avere gli strumenti giusti per trasformare il tuo raccolto. Questi accessori non solo semplificano il lavoro, ma garantiscono risultati migliori:

Estrattore o centrifuga: Per ottenere succhi freschi e nutrienti.

Frullatore: Ideale per smoothie, puree e basi per dolci.

Pentole e casseruole: Necessarie per preparare marmellate e sciroppi.

Barattoli di vetro sterilizzati: Per conserve, marmellate e sciroppi.

Essiccatore: Perfetto per creare snack sani come chips di mela, albicocche secche o uvetta.

3. Trasformazioni Facili e Veloci per Iniziare

Per chi è alle prime armi, ci sono metodi di trasformazione semplici e pratici che richiedono poca esperienza ma offrono grandi risultati:

Succhi ed Estratti

I succhi sono uno dei modi più immediati per valorizzare il raccolto.

Preparazione: Lava accuratamente la frutta, elimina eventuali semi o noccioli e inseriscila nell'estrattore o nella centrifuga.

Suggerimento: Combina diversi tipi di frutta per creare mix unici, come mela e zenzero o agrumi e carota.

Conservazione: Se non consumati subito, i succhi possono essere conservati in frigorifero per 24-48 ore in bottiglie di vetro ermetiche.

Marmellate e Composte

La marmellata è una soluzione classica e versatile per utilizzare grandi quantità di frutta.

- Procedimento Base:
- Taglia la frutta in pezzi piccoli e cuocila con zucchero (circa 500 g per ogni kg di frutta) e succo di limone.
- Cuoci a fuoco lento fino a ottenere la consistenza desiderata, rimuovendo la schiuma in superficie.
- Versa la marmellata calda in barattoli sterilizzati e chiudili ermeticamente.
- Variazioni: Aggiungi spezie come cannella o zenzero per un tocco unico.

Essiccazione

Essiccare la frutta è un metodo salutare per creare snack e conservare il sapore del raccolto.

- Procedimento Base:

Taglia la frutta a fette sottili (ad esempio mele o pere).

Disponi le fette su un vassoio dell'essiccatore o su una teglia da forno.

Essicca a bassa temperatura (50-60 °C) per diverse ore fino a ottenere una consistenza croccante o gommosa.

Frutta Ideale: Mele, pere, prugne, albicocche, fichi.

Sciroppi e Nettari

I frutti troppo maturi o zuccherini possono essere trasformati in sciroppi o nettari da usare come base per bevande o dessert.

Procedimento: Cuoci la frutta con zucchero e acqua, filtra il succo e lascialo raffreddare. Conserva lo sciroppo in bottiglie sterilizzate.

4. Pianificare per Ridurre Sprechi e Ottimizzare il Tempo

Quando il raccolto è abbondante, la pianificazione diventa essenziale per trasformare tutto senza sprechi:

Dividi il lavoro: Dedica giornate specifiche a diverse attività (ad esempio, una giornata per succhi e una per marmellate).

Congela il surplus: La frutta pulita e tagliata può essere congelata per essere trasformata in seguito.

Condividi: Dona parte del raccolto o delle trasformazioni a famiglia e amici, creando un legame speciale attorno ai frutti del tuo lavoro.

5. Sostenibilità nella Trasformazione

Ogni parte della frutta può essere valorizzata:

Bucce e scarti: Usali per preparare infusi, compost o persino pectina naturale (ottima per addensare marmellate).

Frutta troppo matura: Perfetta per preparare aceti naturali o basi per liquori fatti in casa.

Un Viaggio Creativo e Appagante

La trasformazione del raccolto è più di un semplice processo pratico; è un modo per estendere il legame con il frutteto e godere dei suoi doni in modi diversi. Ogni barattolo di marmellata, ogni bottiglia di succo o ogni sacchetto di frutta essiccata racconta una storia di cura e attenzione.

Con il tempo, questa pratica diventa una vera e propria tradizione, una celebrazione della natura e della tua dedizione. Non importa da dove inizi: i primi passi verso la trasformazione del raccolto sono l'inizio di un viaggio che ti permetterà di apprezzare il valore della frutta come mai prima d'ora.

Irrigazione, Concimazione e Trattamenti Biologici: Garantire Salute e Produttività al Frutteto

Per mantenere le piante da frutto sane e produttive, è fondamentale offrire loro un'adeguata irrigazione, una nutrizione equilibrata e trattamenti mirati per proteggerle da malattie e parassiti. Questi tre aspetti, se gestiti correttamente, creano le condizioni ideali per uno sviluppo rigoglioso e per la produzione di frutti di alta qualità.

1. Irrigazione: Dare l'Acqua Giusta al Momento Giusto

L'irrigazione è uno dei fattori chiave per la salute delle piante da frutto. Tuttavia, un'irrigazione eccessiva o insufficiente può compromettere lo sviluppo delle radici, la fioritura e la fruttificazione.

Quanta Acqua Serve?

Piante Giovani: Gli alberi appena piantati richiedono irrigazioni più frequenti per aiutare le radici ad attecchire.

Piante Mature: Gli alberi adulti necessitano di un'irrigazione profonda e meno frequente, soprattutto nei periodi di siccità.

Tecniche di Irrigazione

Irrigazione a Goccia:

Ideale per fornire acqua direttamente alle radici, riducendo gli sprechi e mantenendo il terreno costantemente umido.

Utile per frutteti in zone aride o per piante in vaso.

Irrigazione Manuale:

Utilizza un tubo con una pressione moderata o un annaffiatoio per piante singole. Assicurati che l'acqua penetri almeno 20-30 cm nel terreno.

Pacciamatura per Conservare l'Umidità:

Uno strato di pacciamatura organica, come corteccia o paglia, intorno alla base degli alberi riduce l'evaporazione e mantiene il terreno fresco.

Errori da Evitare

Bagnare il fogliame: Questo può favorire malattie fungine come l'oidio.

Ristagni d'Acqua: Il terreno fradicio può portare al marciume radicale.

2. Concimazione: Nutrire le Piante in Modo Equilibrato

Le piante da frutto assorbono dal terreno numerosi nutrienti per crescere e produrre frutti, quindi è importante reintegrarli con la concimazione. Una pianta ben nutrita è più resistente alle malattie e produce raccolti di qualità superiore.

Principali Nutrienti Necessari

Azoto (N): Favorisce la crescita delle foglie e dei rami.

Fosforo (P): Essenziale per lo sviluppo delle radici e la fioritura.

Potassio (K): Migliora la qualità e il sapore dei frutti.

Cura le tue piante, gusta i suoi frutti

Tipologie di Concimi

Concimi Organici:

Compost, letame ben decomposto e humus di lombrico sono ottime fonti di nutrienti naturali.

Rilasciano gradualmente i nutrienti e migliorano la struttura del terreno.

Concimi Minerali Naturali:

Farina di roccia o cenere di legna per apportare potassio.

Fosfato naturale per integrare il fosforo.

Quando Concimare?

Primavera: Per sostenere la crescita vegetativa e la fioritura.

Estate: Una leggera concimazione aiuta la fruttificazione.

Autunno: Concimazione organica per preparare la pianta al riposo invernale.

Tecnica di Applicazione

Distribuisci il concime a una distanza di circa 20-50 cm dal tronco, nell'area corrispondente alla proiezione della chioma, dove si trovano le radici assorbenti.

Innaffia abbondantemente dopo l'applicazione per favorire l'assorbimento.

3. Trattamenti Biologici: Proteggere Senza Danneggiare

I trattamenti biologici offrono un'alternativa sostenibile ai prodotti chimici, aiutando a prevenire e combattere malattie e parassiti senza compromettere l'equilibrio dell'ecosistema.

Prevenzione con Trattamenti Naturali

Decotto di Equiseto:

Rafforza le difese della pianta contro funghi come l'oidio e la ticchiolatura.

Preparazione: Fai bollire 100 g di equiseto fresco in 1 litro d'acqua, filtra e diluisci in 9 litri d'acqua prima di spruzzare.

Macerato di Ortica:

Stimola la crescita e respinge afidi e altri parassiti.

Preparazione: Lascia 1 kg di ortica fresca in 10 litri d'acqua per 7-10 giorni, filtra e spruzza sulle piante.

Poltiglia Bordolese:

Una miscela di rame e calce utile per prevenire malattie fungine come la bolla del pesco e la ticchiolatura.

Applicare durante il riposo vegetativo o come trattamento preventivo in primavera.

Rimedi per Parassiti Comuni

Afidi:

Soluzione di acqua e sapone di Marsiglia (15 g/litro) per eliminarli dalle foglie.

Introduzione di coccinelle come predatori naturali.

Cocciniglia:

Applicazione di olio bianco biologico per soffocare le uova.

Spazzolatura manuale dei rami infestati.

Carpocapsa (Tignola delle Mele):

Trappole a feromoni per ridurre la popolazione.

Polvere di caolino sui frutti per proteggerli dalle larve.

Come Applicare i Trattamenti Biologici

Effettua i trattamenti nelle prime ore del mattino o nel tardo pomeriggio per evitare che il sole bruci le foglie.

Ripeti i trattamenti ogni 10-15 giorni durante i periodi critici.

4. Monitoraggio Costante: Prevenire è Meglio che Cu-

rare

Un controllo regolare delle piante permette di individuare problemi sul nascere e intervenire tempestivamente.

Osserva foglie, rami e frutti alla ricerca di macchie, deformazioni o segni di parassiti.

Mantieni il terreno pulito da foglie e frutti caduti, che possono fungere da serbatoio per malattie.

Conclusione

Irrigazione, concimazione e trattamenti biologici sono i tre pilastri di un frutteto sano e produttivo. Con un approccio equilibrato e naturale, puoi fornire alle tue piante tutto ciò di cui hanno bisogno, proteggendo al contempo l'ambiente. Un frutteto curato con attenzione e rispetto per la natura non solo regala frutti di qualità, ma diventa anche un luogo di bellezza e armonia, capace di arricchire la vita di chi se ne prende cura.

Parte 2

Succhi Perfetti ed Estratti Straordinari

Capitolo 1

Gli strumenti per succhi ed estratti

Differenze tra Estrattori, Centrifughe e Spremiagrumi

Preparare succhi freschi è uno dei modi più semplici e salutari per trasformare la frutta in una bevanda nutriente e deliziosa. Tuttavia, la scelta dello strumento giusto può fare una grande differenza in termini di qualità, gusto e benefici nutrizionali. Estrattori, centrifughe e spremiagrumi sono i principali strumenti utilizzati per ottenere succhi, ma ciascuno di essi ha caratteristiche uniche, vantaggi e limiti.

1. Estrattori di Succo: Massimizzare Nutrienti e Gusto

Gli estrattori di succo, noti anche come juicers a freddo, sono progettati per estrarre il succo dalla frutta e dalla verdura in modo lento e delicato.

Come Funzionano?

L'estrattore utilizza una vite senza fine (coclea) che ruota lentamente per schiacciare gli ingredienti contro un filtro, separando il succo dalla polpa. Questo processo avviene senza produrre calore, preservando i nutrienti termolabili.

Vantaggi degli Estrattori

Conservazione dei Nutrienti:

L'estrazione lenta riduce l'ossidazione e preserva vitamine e minerali sensibili al calore, come la vitamina C e gli antiossidanti.

Succhi Densi e Ricchi:

Il succo ottenuto è corposo, con un contenuto nutrizionale elevato e senza schiuma.

Versatilità:

Oltre alla frutta, l'estrattore è ideale per verdure a foglia, erbe aromatiche e radici come lo zenzero.

Maggiore Resa:

Esprime fino al 30% in più di succo rispetto alla centrifuga, riducendo gli sprechi.

Limiti degli Estrattori

Tempo: Il processo è più lento rispetto a una centrifuga.

Costo: Gli estrattori tendono ad avere un prezzo più elevato.

Pulizia: Smontare e pulire i componenti richiede tempo.

Quando Utilizzarlo?

L'estrattore è ideale per chi cerca succhi altamente nutrienti, è interessato a combinazioni di frutta e verdura e non ha fretta nella preparazione.

2. Centrifughe: Velocità e Praticità

Le centrifughe sono strumenti rapidi e facili da usare, progettati per chi desidera preparare succhi freschi in poco tempo.

Come Funzionano?

La centrifuga utilizza lame che ruotano a velocità elevata per sminuzzare la frutta e la verdura. Grazie alla forza centrifuga, il succo viene separato dalla polpa e filtrato in un contenitore.

Vantaggi delle Centrifughe

Velocità:

Preparare un succo con una centrifuga richiede pochi secondi, rendendola ideale per chi ha poco tempo.

Facilità d'Uso:

Le centrifughe sono semplici da utilizzare e adatte anche a chi è alle prime armi.

Ampia Apertura:

Molti modelli permettono di inserire frutti interi o in grandi pezzi, riducendo il tempo di preparazione.

Prezzo Accessibile:

Le centrifughe sono generalmente più economiche rispetto agli estrattori.

Limiti delle Centrifughe

Calore e Ossidazione:

La velocità elevata genera calore, che può ridurre il contenuto di nutrienti sensibili. Inoltre, il succo tende a ossidarsi più rapidamente, riducendo la durata della freschezza.

Rifiuti Maggiori:

La polpa è più umida rispetto a quella prodotta dagli estrattori, indicando una resa inferiore.

Non Adatta a Tutti gli Ingredienti:

Le verdure a foglia e gli ingredienti fibrosi non vengono lavorati efficacemente.

Quando Utilizzarla?

La centrifuga è perfetta per chi vuole preparare succhi di frutta in modo rapido e pratico, senza preoccuparsi troppo della resa o del contenuto nutrizionale.

3. Spremiagrumi: Semplicità per Agrumi Perfetti

Lo spremiagrumi è uno strumento specifico per estrarre il succo da agrumi come arance, limoni, pompelmi e mandarini. Esistono modelli manuali ed elettrici, ognuno con caratteristiche diverse.

Come Funzionano?

Gli spremiagrumi utilizzano una pressa conica che, attraverso la rotazione manuale o elettrica, estrae il succo dalla polpa degli agrumi, lasciando indietro semi e fibre.

Vantaggi degli Spremiagrumi

Efficienza per Agrumi:

Lo spremiagrumi è imbattibile nel lavorare arance e limoni, estraendo il succo rapidamente e senza sforzo.

Facilità di Pulizia:

Ha pochi componenti, facili da smontare e lavare.

Costo Basso:

I modelli manuali sono economici e accessibili a tutti.

Dimensioni Compatte:

È leggero e non occupa spazio in cucina.

Limiti degli Spremiagrumi

Uso Limitato:

È adatto solo per agrumi, non può essere utilizzato per altri tipi di frutta o verdura.

Quantità Moderate:

Non è ideale per spremute in grandi quantità, poiché il processo può diventare faticoso.

Quando Utilizzarlo?

Lo spremiagrumi è la scelta migliore per chi consuma regolarmente spremute di agrumi e cerca uno strumento semplice e pratico.

Cura le tue piante, gusta i suoi frutti

4. Confronto Diretto tra Estrattori, Centrifughe e Spremiagrumi

Caratteristica	Estrattore	Centrifuga	Spremiagrumi
Velocità	Lento	Veloce	Molto Veloce
Qualità del Succo	Elevata (nutrienti intatti)	Media (nutrienti ridotti)	Alta (per agrumi)
Resa	Alta	Media	Alta (solo agrumi)
Versatilità	Frutta e verdura	Solo frutta e alcune verdure	Solo agrumi
Facilità di Pulizia	Media	Facile	Molto Facile
Costo	Medio-Alto	Basso-Medio	Basso

5. Quale Scegliere?

La scelta dello strumento dipende dalle tue esigenze:

Se ami succhi nutrienti e densi: L'estrattore è la scelta ideale.

Se cerchi velocità e praticità: Opta per una centrifuga.

Se preferisci spremute di agrumi: Uno spremiagrumi è tutto ciò di cui hai bisogno.

Conclusione

Estrattori, centrifughe e spremiagrumi sono strumenti eccellenti per trasformare la frutta in bevande fresche, ognuno con i suoi punti di forza. Comprendere le differenze ti aiuterà a scegliere quello più adatto al tuo stile di vita, permettendoti di sfruttare al meglio i doni del tuo frutteto.

Come Scegliere l'Attrezzatura Ideale in Base alle Proprie Esigenze

Quando si tratta di lavorare con la frutta, che si tratti di preparare succhi o marmellate, ogni appassionato di cucina ha esigenze specifiche. La scelta dell'attrezzatura ideale dipende da vari fattori, come il tipo di preparazioni che si vogliono realizzare, la frequenza d'uso e lo spazio disponibile. Una buona attrezzatura non solo semplifica il lavoro, ma garantisce anche risultati di alta qualità.

1. Valutare le Proprie Esigenze: Quali Preparazioni Vuoi Fare?

Prima di acquistare un'attrezzatura, è essenziale capire per cosa la userai. Ecco alcune domande che possono aiutarti a chiarire le tue necessità:

Ami i succhi freschi? Ti servirà un estrattore, una centrifuga o uno spremiagrumi.

Prepari spesso marmellate o composte? Pentole ampie e barattoli sterilizzabili sono indispensabili.

Vuoi conservare la frutta essiccata? Considera un essiccatore di buona qualità.

Hai poco tempo a disposizione? Opta per attrezzature facili da usare e da pulire.

2. Scegliere l'Attrezzatura per la Preparazione dei Succhi

Gli strumenti per succhi ed estratti variano notevolmente in termini di funzionalità e costo. La scelta dipende dal tipo di bevanda che vuoi preparare e dalla qualità che cerchi.

Estrattore di Succo

Ideale per: Chi desidera succhi densi e ricchi di nutrienti, ama combinare frutta e verdura, e cerca uno strumento versatile.

Consigli: Scegli un modello con una velocità di rotazione bassa (sotto i 50 giri al minuto) per preservare al massimo i nutrienti. Assicurati che sia facile da pulire, con componenti smontabili.

Budget: Medio-alto, ma è un investimento a lungo termine.

Centrifuga

Ideale per: Chi vuole succhi veloci e semplici da preparare.

Consigli: Cerca un modello con una grande apertura per inserire frutti interi e una potenza elevata (almeno 700 W) per lavorare anche frutta dura come le mele.

Budget: Accessibile, con molte opzioni economiche.

Spremiagrumi

Ideale per: Gli amanti delle spremute di agrumi.

Consigli: Opta per un modello elettrico se prepari grandi quantità di succo, o manuale per un uso più sporadico. Verifica che il filtro sia robusto per trattenere semi e fibre.

Budget: Basso, con un'ampia gamma di modelli disponibili.

3. Attrezzature per Marmellate e Composte

Preparare marmellate richiede strumenti specifici per lavorare grandi quantità di frutta in modo sicuro e pratico.

Pentole Ampie e Antiaderenti

Perché sono importanti: Una pentola ampia permette alla frutta di cuocere in modo uniforme, evitando schizzi e bruciature.

Consigli:

Scegli una pentola in acciaio inox per una migliore distribuzione del calore.

Una capacità di almeno 5 litri è ideale per preparare marmellate in grandi quantità.

Barattoli di Vetro Sterilizzabili

Perché sono importanti: Conservano le marmellate in modo sicuro e prolungano la durata.

Consigli:

Scegli barattoli con chiusura ermetica e coperchi in metallo.

Assicurati che siano resistenti al calore, per poterli sterilizzare in acqua bollente.

Termometro da Cucina

Perché è utile: Ti aiuta a monitorare la temperatura della marmellata per ottenere la consistenza perfetta (di solito intorno ai 105 °C).

4. Attrezzature per l'Essiccazione della Frutta

Essiccare la frutta è un modo eccellente per conservarla a lungo, mantenendo intatti i sapori e i nutrienti.

Essiccatore Elettrico

Perché sceglierlo: È lo strumento ideale per asciugare uniformemente fette di mela, pere, albicocche e altro ancora.

Consigli:

Scegli un modello con vassoi regolabili e una temperatura controllabile (tra i 40 e i 70 °C).

Verifica che il flusso d'aria sia uniforme per evitare che alcune zone si asciughino più di altre.

Forno con Funzione Ventilata

Alternativa economica: Se non hai un essiccatore, un forno con ventilazione a bassa temperatura può fare al caso tuo.

Consigli:

Usa carta da forno per evitare che le fette si attacchino.

Controlla frequentemente il processo per evitare di cuocere la frutta invece di essiccarla.

5. Fattori da Considerare nella Scelta dell'Attrezzatura

Spazio Disponibile

Se hai una cucina piccola, scegli attrezzature compatte e multifunzionali. Ad esempio, un frullatore potente può essere utilizzato per preparare succhi, frullati e puree.

Frequenza di Utilizzo

Per un uso occasionale, non è necessario investire in attrezzature costose. Al contrario, se usi regolarmente un estrattore o un essiccatore, opta per modelli di qualità superiore.

Facilità di Pulizia

Scegli strumenti con componenti facili da smontare e lavabili in lavastoviglie per risparmiare tempo.

Budget

Pianifica un investimento proporzionato al tuo uso. Attrezzature economiche possono andare bene per un uso sporadico, ma per preparazioni frequenti è meglio puntare sulla qualità.

6. Confronto tra Scelte Popolari

Strumento	Ideale per	Pro	Contro	Prezzo Indicativo
Estrattore	Succhi nutrienti	Resa elevata, nutrienti intatti	Lento, costoso	Medio-alto (€100-300)
Centrifuga	Succhi rapidi	Veloce, facile da usare	Nutrienti ridotti	Economico (€50-150)
Spremiagrumi	Agrumi	Economico, compatto	Uso limitato	Basso (€10-50)
Essiccatore	Frutta secca	Asciuga uniformemente	Ingombrante	Medio (€50-200)
Pentole per marmellate	Marmellate, composte	Capienza elevata	Solo per cottura	Medio (€30-70)

Conclusione

Scegliere l'attrezzatura ideale significa trovare un equilibrio tra le proprie esigenze, lo spazio disponibile e il budget. Investire in strumenti di qualità non solo semplifica il lavoro, ma garantisce risultati migliori, trasformando ogni preparazione in un'esperienza appagante. Con l'attrezzatura giusta, ogni raccolto del tuo frutteto diventerà un'occasione per creare qualcosa di speciale.

Manutenzione e Uso Corretto degli Strumenti per la Trasformazione della Frutta

Quando si tratta di trasformare la frutta in succhi, marmellate, essiccati o altre delizie, la qualità degli strumenti è fondamentale. Estrattori, centrifughe, spremiagrumi, essiccatori e barattoli devono essere utilizzati e mantenuti nel modo corretto per garantire un'esperienza sicura e risultati ottimali. Ecco alcuni consigli per sfruttare al meglio la tua attrezzatura e farla durare nel tempo.

1. Pulizia e Manutenzione Regolare

Estrattori e Centrifughe

Questi strumenti, essendo a contatto diretto con frutta fresca, necessitano di una pulizia accurata dopo ogni utilizzo per evitare residui appiccicosi e proliferazione di batteri.

- Smontaggio:

Dopo l'uso, smonta tutte le parti rimovibili come il filtro, la coclea e i contenitori per il succo e la polpa.

Lavaggio:

Lava i componenti con acqua calda e sapone, utilizzando una spazzolina per rimuovere i residui dal filtro.

- Asciugatura:

Lascia asciugare completamente prima di rimontare, per evitare la formazione di muffe.

Spremiagrumi

Gli spremiagrumi manuali o elettrici richiedono poche attenzioni, ma la pulizia regolare è fondamentale:

Rimuovi semi e polpa: Dopo ogni spremuta, svuota subito il filtro per evitare che i residui si secchino.

Pulizia delle parti elettriche: Pulisci il motore solo con un panno umido e mai con acqua corrente.

Essiccatori

Gli essiccatori lavorano con calore a bassa temperatura, ma accumulano residui di frutta durante il processo.

Pulizia dei vassoi: Lava i vassoi in plastica o acciaio con acqua e detergente neutro.

Manutenzione del motore: Controlla periodicamente che la ventola sia libera da polvere o frammenti.

Pentole e Utensili per Marmellate

Pentole: Rimuovi i residui di zucchero o caramello subito dopo la cottura, immergendole in acqua calda per ammorbidire eventuali incrostazioni.

Barattoli di vetro: Sterilizzali prima di ogni utilizzo, facendoli bollire per almeno 10 minuti. Controlla che i coperchi siano integri e senza ruggine.

2. Uso Corretto per Ottimizzare i Risultati

Ogni strumento ha le sue particolarità e va utilizzato seguendo alcune accortezze per garantire un funzionamento ottimale.

Estrattori

Non sovraccaricare: Inserisci piccole quantità di frutta per evitare di sforzare il motore e di ostruire il filtro.

Ingredienti adatti: Usa frutta matura e verdure non troppo fibrose per prevenire inceppamenti.

Centrifughe

Pre-taglia la frutta: Anche se molti modelli permettono di inserire frutti interi, tagliarli in pezzi riduce lo sforzo sul motore e migliora la qualità del succo.

Svuota il contenitore della polpa: Quando riempito, potrebbe ridurre l'efficienza dell'apparecchio.

Spremiagrumi

Alterna l'uso: Con spremiagrumi elettrici, evita sessioni troppo lunghe per non surriscaldare il motore.

Non forzare: Se la buccia è spessa, taglia il frutto a metà e fai pressione graduale per evitare di danneggiare il cono.

Essiccatori

Distribuisci uniformemente: Posiziona la frutta in un unico strato, evitando sovrapposizioni che potrebbero impedire un'asciugatura uniforme.

Imposta la temperatura giusta: Ogni tipo di frutto richiede un'impostazione specifica (ad esempio, 50-60 °C per mele e pere).

Pentole per Marmellate

Non riempire eccessivamente: Lascia spazio per mescolare senza far traboccare il contenuto durante la bollitura.

Mescola continuamente: Previene la formazione di grumi e bruciature sul fondo.

3. Conservazione e Protezione degli Strumenti

Conservare in Luoghi Asciutti e Puliti

Estrattori e centrifughe: Riponili smontati, preferibilmente in un armadio asciutto, per evitare accumuli di polvere.

Barattoli sterilizzati: Conservali con i coperchi appoggiati (non chiusi ermeticamente) in un luogo fresco e asciutto.

Ispeziona Periodicamente gli Strumenti

Controlla che i componenti in plastica non presentino crepe o deformazioni.

Sostituisci i filtri usurati per mantenere l'efficienza di estrattori e centrifughe.

4. Errori Comuni da Evitare

Trascurare la pulizia: Residui secchi nei filtri o nelle lame possono compromettere il funzionamento e alterare il sapore dei succhi.

Usare frutta inadatta: Evita frutta troppo dura (come noccioli non rimossi) o troppo matura, che potrebbe intasare gli apparecchi.

Sovraccaricare gli strumenti: Rispetta sempre i limiti indicati nel manuale per evitare danni al motore.

Conclusione

Gli strumenti per la trasformazione della frutta sono investimenti preziosi, che richiedono cure specifiche per garantire risultati eccellenti e una lunga durata. Con pochi accorgimenti nella manutenzione e nell'uso corretto, puoi lavorare in modo più efficiente, ridurre gli sprechi e ottenere prodotti finali di altissima qualità. La tua attrezzatura, se curata con attenzione, diventerà un alleato affidabile per ogni stagione di raccolto.

Capitolo 2

Le basi dei succhi perfetti

Tecniche per Creare Succhi Equilibrati e Nutrienti

Preparare succhi freschi non è solo un modo per consumare frutta e verdura in modo creativo, ma anche una scelta salutare per arricchire la dieta con vitamine, minerali e antiossidanti. Tuttavia, per ottenere un succo davvero equilibrato e nutriente, è necessario prestare attenzione a una serie di dettagli: dalla scelta degli ingredienti alla combinazione dei sapori, fino alle tecniche di preparazione.

Ecco una guida pratica per trasformare il tuo raccolto in succhi perfetti per ogni occasione.

1. Scegliere Ingredienti di Qualità

La qualità del succo dipende principalmente dalla qualità degli ingredienti utilizzati.

Frutta e Verdura Fresche e di Stagione

Perché è importante: La frutta di stagione è più ricca di nutrienti, sapore e freschezza. Inoltre, acquistare prodotti di stagione o coltivati nel tuo frutteto è più sostenibile.

Esempi di combinazioni stagionali:

Primavera: Fragole, arance, carote.

Estate: Pesche, meloni, cetrioli.

Autunno: Mele, pere, zenzero.

Inverno: Agrumi, kiwi, spinaci.

Evitare Frutta Troppo Matura o Danneggiata

Usa frutti maturi ma non troppo molli per ottenere un sapore equilibrato senza alterazioni.

Diversificare gli Ingredienti

Combina frutta e verdura per ottenere succhi più bilanciati, ricchi di fibre e con un profilo nutrizionale più ampio.

2. Creare Equilibrio tra Sapori e Nutrienti

Un buon succo è un mix armonioso di dolcezza, acidità e, in alcuni casi, un leggero amaro o speziato.

Sapori Principali e Come Bilanciarli

Dolcezza: Frutta come mele, pere, banane, uva e pesche apportano zuccheri naturali.

Acidità: Gli agrumi (arance, limoni, lime) e il kiwi donano freschezza.

Amaro o speziato: Verdure come il sedano o erbe come il prezzemolo aggiungono complessità al gusto.

Spezie e radici: Un pizzico di zenzero o una spruzzata di cannella può trasformare un succo semplice in una bevanda gourmet.

Bilanciare Nutrienti Essenziali

Vitamine e Antiossidanti: Frutta colorata come agrumi e frutti di bosco.

Minerali: Verdure a foglia verde come spinaci e cavoli sono ottime fonti di ferro e calcio.

Fibre: Aggiungi una parte della polpa estratta per mantenere una buona quantità di fibre nel succo.

3. Tecniche di Preparazione per Succhi Perfetti

Estrattore o Centrifuga?

Estrattore: Ideale per succhi ricchi di nutrienti, con una consistenza più densa.

Centrifuga: Perfetta per succhi veloci e leggeri, con una consistenza più limpida.

Preparazione degli Ingredienti

Lava Bene la Frutta e la Verdura: Usa acqua corrente e, se necessario, una spazzola per rimuovere residui di terra.

Sbucciare o No?

Frutta con buccia sottile (mele, pere): Lascia la buccia per un apporto extra di fibre.

Agrumi e frutta con buccia spessa: Rimuovila per evitare un sapore amaro.

Taglia in Pezzi: Riduci gli ingredienti a dimensioni adatte alla tua attrezzatura per evitare inceppamenti.

Come Mescolare e Ottenere una Consistenza Ideale

Succo Uniforme: Filtra il succo con un colino per rimuovere eventuali residui.

Con Polpa: Mantieni una parte della polpa per un succo più ricco di fibre.

4. Conservare e Servire il Succo

Bevi il Succo Fresco

Il succo è migliore appena preparato, quando i nutrienti sono al massimo. Se non puoi consumarlo subito, conservalo in un contenitore ermetico in frigorifero per non più di 24 ore.

Ridurre l'Ossidazione

Aggiungi un pizzico di succo di limone per rallentare l'ossidazione e mantenere il colore brillante.

Servizio Creativo

Servi il succo in bicchieri con ghiaccio e guarnisci con una fetta di limone o una foglia di menta fresca per un tocco estetico.

5. Idee per Succhi Equilibrati e Creativi

Succhi per Energia

Mix di Agrumi e Zenzero:

Ingredienti: Arancia, limone, carota, zenzero fresco.

Benefici: Alto contenuto di vitamina C e proprietà energizzanti.

Mela, Spinaci e Kiwi:

Ingredienti: 2 mele, una manciata di spinaci, un kiwi.

Benefici: Una combinazione ricca di ferro e antiossidanti.

Tropicale Antiossidante

Ingredienti:

- 1 mango maturo
- 1/2 papaya
- 1 arancia
- Un pizzico di curcuma fresca o in polvere

Benefici: Ricco di antiossidanti e vitamina A, è un succo perfetto per migliorare la salute della pelle e rinforzare il sistema immunitario.

Consiglio: Aggiungi una spruzzata di lime per un tocco di freschezza.

Booster Verde Detox

Ingredienti:

- 2 foglie di cavolo riccio (kale)
- 1 mela verde
- 1 gambo di sedano
- 1/2 cetriolo
- Succo di mezzo limone

Benefici: Ideale per una detox naturale, aiuta a depurare l'organismo grazie all'alto contenuto di clorofilla e fibre.

Consiglio: Per addolcire, aggiungi una fetta di ananas.

Frutti Rossi Energizzante

Ingredienti:

- 1 tazza di fragole
- 1/2 tazza di lamponi
- 1 mela rossa
- 1 cucchiaino di semi di chia (facoltativo)

Benefici: Questo succo è una vera carica di energia, ricco di vitamina C e antociani, ottimo per combattere i radicali liberi.

Consiglio: Servilo ben freddo per un effetto rinfrescante.

Esotico Idratante

Ingredienti:

- 1 tazza di ananas
- 1/2 avocado maturo
- 1/2 cetriolo
- 1 cucchiaino di miele (facoltativo)

Benefici: L'ananas e il cetriolo idratano, mentre l'avocado aggiunge grassi buoni che rendono il succo più saziante e nutriente.

Consiglio: Frulla con qualche cubetto di ghiaccio per una consistenza vellutata.

Dolce Risveglio

Ingredienti:

- 2 pere mature
- 1/2 finocchio
- 1 arancia
- Un pizzico di cannella

Benefici: Perfetto per la colazione, questo succo è dolce e leggero, ottimo per favorire la digestione e iniziare la giornata con energia.

Consiglio: Decoralo con una fettina di pera per un tocco elegante.

Succhi Dissetanti e Leggeri

Melone e Cetriolo:

Ingredienti: 1 melone, 1 cetriolo, foglie di menta.

Benefici: Idratante e rinfrescante.

Anguria e Lime:

Ingredienti: 1 fetta di anguria, succo di mezzo lime, un pizzico di zenzero.

Benefici: Ricco di licopene e perfetto per le giornate calde.

Succhi Detossinanti

Sedano, Mela Verde e Limone:

Ingredienti: 2 gambi di sedano, una mela verde, succo di mezzo limone.

Benefici: Aiuta la digestione e depura il fegato.

Carota, Zenzero e Curcuma:

Ingredienti: 3 carote, un pezzo di zenzero, un pizzico di curcuma fresca.

Benefici: Antinfiammatorio e ricco di beta-carotene.

6. Ridurre gli Sprechi: Come Utilizzare la Polpa Avanzata

In Cucina

- Usa la polpa per preparare torte, muffin o pancake.
- Aggiungila a minestre o salse per un tocco di dolcezza naturale.

Per il Giardino

- Trasforma gli scarti in compost per arricchire il terreno del tuo frutteto.

Conclusione

Preparare succhi equilibrati e nutrienti è un'arte che combina scelta degli ingredienti, tecnica e creatività. Con le giuste combinazioni di frutta e verdura e un'attenzione alla preparazione, puoi ottenere bevande ricche di sapore e benefici per la salute. Ogni bicchiere non sarà solo un piacere per il palato, ma anche un contributo al tuo benessere quotidiano.

Proporzioni Ideali e Consigli per Bilanciare Dolcezza e Acidità nei Succhi

Creare un succo perfetto significa trovare il giusto equilibrio tra dolcezza e acidità, due componenti fondamentali per garantire una bevanda piacevole al palato. Un succo ben bilanciato non è solo più gustoso, ma anche più versatile: può essere consumato in diversi momenti della giornata, accompagnare i pasti o essere una rinfrescante pausa di benessere. Raggiungere questo equilibrio richiede attenzione alle proporzioni degli ingredienti, consapevolezza del loro profilo di sapore e una conoscenza di base dei trucchi per correggere eventuali eccessi.

1. L'Importanza dell'Equilibrio tra Dolcezza e Acidità

Perché è Fondamentale

- Dolcezza: Dona corpo e piacevolezza al succo, rendendolo appagante. Tuttavia, una dolcezza eccessiva può risultare stucchevole e appesantire la bevanda.
- Acidità: Conferisce freschezza e vivacità, bilanciando la dolcezza. Se troppo marcata, però, può rendere il succo difficile da bere.

Un equilibrio tra questi due elementi esalta i sapori naturali degli ingredienti e rende il succo più versatile.

2. Proporzioni Ideali per Succhi Bilanciati

Regola Generale

Un buon punto di partenza è usare una proporzione di:

- 70% frutta dolce o neutra: Per garantire una base piacevole e non troppo aggressiva.
- 30% frutta o verdura acida o amara: Per aggiungere complessità e freschezza al gusto.

Esempio Pratico

- Frutta dolce: Mele, pere, uva, pesche.
- Frutta acida: Arance, limoni, lime, kiwi.
- Verdura neutra: Cetriolo, carote.

Modifiche in Base alle Preferenze

- Per un succo più dolce: Aumenta la percentuale di frutta dolce al 80%.
- Per un succo più fresco: Riduci la frutta dolce al 60% e aggiungi più ingredienti acidi o neutri.

3. Come Scegliere gli Ingredienti Giusti

Frutta Dolce

Questi ingredienti formano la base del succo e sono essenziali per bilanciare l'acidità.

- Mele: Una scelta versatile, con un sapore dolce ma equilibrato. Perfetta come base per la maggior parte dei succhi.
- Pere: Dolci e succose, aggiungono corpo e morbidezza al succo.
- Banane (per succhi frullati): Ricche e cremose, ideali per succhi più densi.
- Uva: Dolce e intensa, particolarmente indicata per succhi autunnali.

Frutta e Verdura Acida o Fresca

Questi ingredienti aggiungono freschezza e vivacità al succo.

- Agrumi (arance, limoni, lime): Conferiscono un sapore brillante e leggermente acidulo.
- Kiwi: Aggiunge un'acidità dolce e un tocco esotico.
- Frutti di bosco: Lamponi e ribes portano una dolcezza acidula e una nota di complessità.

- Verdure a foglia verde: Spinaci e cavolo riccio (kale) bilanciano i succhi troppo dolci con un gusto erbaceo.

Ingredienti Neutri o Ammorbidenti

Questi ingredienti bilanciano il sapore e migliorano la consistenza.

- Cetriolo: Delicato e idratante, aggiunge leggerezza al succo.
- Carote: Dolce e neutra, ottima per bilanciare l'acidità.
- Zenzero: Non acido, ma speziato; aggiunge profondità e calore.

4. Trucchi per Correggere l'Equilibrio Dolcezza-Acidità

A volte, nonostante la cura nella scelta degli ingredienti, il succo può risultare sbilanciato. Ecco come correggerlo.

Troppo Dolce?

- Aggiungi un ingrediente acido: Una spruzzata di succo di limone o lime può contrastare la dolcezza.
- Integra con verdure fresche: Il cetriolo o una foglia di cavolo riccio sono ideali per ammorbidire il sapore dolce.

Troppo Acido?

- Aggiungi frutta dolce: Mele o pere possono riequilibrare rapidamente un succo troppo acido.
- Usa un dolcificante naturale: Un cucchiaino di miele o sciroppo d'acero può smorzare l'acidità senza alterare troppo il sapore.

Troppo Forte o Complesso?

- Diluisci con acqua o ghiaccio: Questo rende il succo più leggero e piacevole da bere.

- Aggiungi un ingrediente neutro: Un cetriolo o una carota possono ammorbidire il sapore.

5. Idee di Succhi Bilanciati e Proporzioni Perfette

1. Classico Dolce-Acido

- **Ingredienti:** 2 mele, 1 arancia, 1/2 limone.
- Proporzioni: 70% dolce (mele), 30% acido (arancia e limone).
- Risultato: Un succo fresco, brillante e piacevole al palato.

2. Esotico e Morbido

- **Ingredienti:** 1 mango, 1/2 kiwi, 1 cetriolo.
- Proporzioni: 70% dolce (mango), 20% acido (kiwi), 10% neutro (cetriolo).
- Risultato: Un succo ricco, morbido e dissetante.

3. Verde Detox

- **Ingredienti:** 1 mela verde, 1 foglia di cavolo riccio, 1/2 limone.
- Proporzioni: 60% dolce (mela), 30% acido (limone), 10% neutro (cavolo).
- Risultato: Un succo equilibrato e leggero, perfetto per depurare l'organismo.

4. Rinfrescante e Dolce

- **Ingredienti:** 2 pere, 1/2 lime, 1 cetriolo.
- Proporzioni: 70% dolce (pere), 20% acido (lime), 10% neutro (cetriolo).
- Risultato: Un succo leggero e aromatico, ideale per i mesi estivi.

6. Sperimenta e Trova il Tuo Equilibrio

Preparare succhi è anche un esercizio di creatività. Giocare con le proporzioni, provare nuovi ingredienti e scoprire combinazioni inaspettate ti permetterà di personalizzare le ricette secondo i tuoi gusti e le tue esigenze. Con il tempo, svilupperai un'abilità naturale nel bilanciare dolcezza e acidità, creando bevande che conquisteranno il palato di chiunque le assaggi.

Conclusione

L'equilibrio tra dolcezza e acidità è il cuore di un succo ben riuscito. Comprendere le proporzioni ideali, scegliere gli ingredienti giusti e imparare a correggere eventuali squilibri ti permetterà di trasformare ogni bicchiere in un'esplosione di sapore e benessere. Preparare succhi diventerà non solo una routine salutare, ma un vero piacere creativo.

Conservazione dei Succhi: Trucchi per Mantenerli Freschi e Sani

Preparare succhi freschi è un modo meraviglioso per gustare i sapori della frutta e della verdura e beneficiare dei loro nutrienti. Tuttavia, la conservazione può essere una sfida. I succhi freschi, essendo privi di conservanti, tendono a deteriorarsi rapidamente a causa dell'ossidazione e della crescita di batteri. Imparare a conservarli correttamente ti permette di prolungare la loro freschezza e mantenere intatte le proprietà nutritive.

1. Comprendere i Fattori che Influenzano la Conservazione

Ossidazione

Cosa succede: Quando il succo viene esposto all'aria, inizia un processo di ossidazione che può alterarne il colore, il sapore e i nutrienti.

Come evitarla: Riduci l'esposizione del succo all'ossigeno usando contenitori ermetici e riempiendoli fino all'orlo.

Temperatura

Cosa succede: A temperature elevate, batteri e muffe si sviluppano più rapidamente, accelerando il deterioramento.

Come evitarla: Conserva i succhi sempre in frigorifero o in condizioni fresche.

Luce

Cosa succede: La luce può degradare alcune vitamine, come la vitamina C, e alterare il sapore del succo.

Come evitarla: Usa contenitori opachi o scuri per proteggerlo dalla luce diretta.

2. Metodi di Conservazione

1. Conservazione in Frigorifero

Il frigorifero è il metodo più semplice e accessibile per mantenere freschi i succhi.

- Durata: 24-48 ore per succhi freschi preparati con estrattori o centrifughe.
- Consigli:
- Usa bottiglie di vetro con chiusura ermetica per evitare che l'aria entri.
- Aggiungi qualche goccia di succo di limone per rallentare l'ossidazione e preservare il colore.

2. Congelamento

Se desideri conservare i succhi per periodi più lunghi, il congelamento è la soluzione migliore.

- Durata: Fino a 3 mesi.
- Consigli:
- Usa contenitori resistenti al congelatore, lasciando un po' di spazio per consentire l'espansione del liquido.
- Scongela lentamente in frigorifero per preservare il gusto e la consistenza.

3. Pastorizzazione Domestica

La pastorizzazione è un processo che permette di prolungare la durata dei succhi senza dover ricorrere al congelamento.

Come fare:

Versa il succo in bottiglie di vetro sterilizzate.

Scalda il succo a 70-80 °C per 15-20 minuti.

Chiudi immediatamente le bottiglie e lasciale raffreddare capovolte.

Durata: Fino a 6 mesi se conservato in un luogo fresco e buio.

4. Conservazione in Bustine per il Vuoto

Un metodo moderno e pratico che riduce l'esposizione all'ossigeno.

Durata: 3-5 giorni in frigorifero.

Consigli:

- Usa macchine per il sottovuoto e bustine apposite per liquidi.
- Ideale per succhi limpidi, meno per quelli con polpa.

3. Trucchi per Conservare i Nutrienti

Aggiungere Agrumi

Il succo di limone o lime agisce come antiossidante naturale, rallentando la degradazione e mantenendo il succo fresco più a lungo.

Quanto aggiungere: Circa 1 cucchiaino di succo di limone per ogni bicchiere di succo.

Conservare a Bassa Temperatura

Abbassa la temperatura del succo il prima possibile dopo la preparazione, poiché il calore accelera la perdita di nutrienti.

Non Mescolare il Succo con Acqua Prima di Conservare

L'aggiunta di acqua diluisce il succo, favorendo una più rapida proliferazione batterica. Diluiscilo solo al momento del consumo.

4. Evitare gli Errori Comuni

Conservare per Troppo Tempo

Anche con i metodi migliori, il succo fresco perde gradualmente sapore e nutrienti. Consuma il succo entro il periodo raccomandato per ottenere il massimo beneficio.

Usare Contenitori di Plastica Non Adatti

I contenitori di plastica possono rilasciare sostanze indesiderate e non sigillano bene contro l'aria. Usa sempre contenitori in vetro o plastica BPA-free.

Non Pulire Adeguatamente i Contenitori

Contenitori non lavati correttamente possono contaminare il succo con batteri residui. Sterilizza sempre le bottiglie prima dell'uso.

5. Idee per Utilizzare Succhi Avanzati

Se il succo è prossimo alla scadenza, usalo in modo creativo per ridurre gli sprechi:

- Cubetti di Ghiaccio Aromatizzati: Versa il succo nelle vaschette per il ghiaccio e usalo per arricchire acqua o tè freddo.
- Smoothie: Combina il succo con yogurt o latte vegetale per creare un frullato fresco e nutriente.
- Base per Dolci: Usa il succo avanzato per insaporire torte o budini.

6. Succhi Specifici e la Loro Conservazione

Alcuni succhi richiedono attenzioni particolari:

- Succhi di agrumi: Resistono meglio all'ossidazione grazie al loro alto contenuto di vitamina C. Durano 48 ore in frigorifero.
- Succhi verdi: Composti da verdure a foglia verde, si deteriorano rapidamente. Meglio consumarli entro 24 ore.
- Succhi misti con polpa: La polpa accelera il deterioramento, quindi è meglio consumarli entro 24 ore o congelarli subito.

Conclusione

Conservare i succhi freschi non è complicato, ma richiede attenzione ai dettagli. Che tu scelga il frigorifero, il congelatore o la pastorizzazione, seguire queste tecniche ti garantirà bevande sempre fresche, sane e gustose. Prendersi cura della conservazione è un modo per rispettare il lavoro e i prodotti del tuo frutteto, valorizzando ogni singolo bicchiere.

Capitolo 3

Ricette di succhi creatii e funzionali

Succhi Classici e Semplici: Mela, Arancia, Pera

I succhi freschi di mela, arancia e pera rappresentano la quintessenza delle bevande naturali. Semplici da preparare, questi succhi valorizzano il gusto autentico della frutta, sono ricchi di nutrienti e si adattano a ogni momento della giornata. Inoltre, grazie alla loro dolcezza naturale e alla facilità di abbinamento, sono apprezzati sia dai grandi che dai più piccoli.

Ecco tutto ciò che devi sapere per ottenere succhi perfetti da questi tre frutti classici.

1. Succo di Mela: Dolce e Versatile

Il succo di mela è uno dei più amati e versatili. Con il suo sapore dolce e delicato, può essere consumato da solo o usato come base per mix più complessi.

Benefici Nutrizionali

- Vitamine: Fonte di vitamina C, utile per il sistema immunitario.
- Fibre: Anche se il succo è più povero di fibre rispetto alla mela intera, conserva una discreta quantità se preparato con un estrattore.
- Antiossidanti: Contiene polifenoli che proteggono le cellule dai danni ossidativi.

Come Prepararlo

Ingredienti:

- 4 mele fresche e mature.
- 1 cucchiaino di succo di limone (opzionale, per prevenire l'ossidazione).

Preparazione:

1. Lava accuratamente le mele.
2. Rimuovi il torsolo (opzionale, ma evita i semi).
3. Inserisci i pezzi nell'estrattore o nella centrifuga.

Consiglio: Aggiungi una spolverata di cannella per un tocco aromatico.

Quando Consumarlo

Perfetto a colazione, come spuntino pomeridiano o base per cocktail analcolici.

2. Succo di Arancia: Freschezza Vitale

Il succo d'arancia è un classico intramontabile, simbolo di energia e freschezza. Ricco di vitamina C e dal sapore piacevolmente acidulo, è una bevanda indispensabile soprattutto nei mesi invernali.

Benefici Nutrizionali

- Vitamina C: Rafforza il sistema immunitario e favorisce l'assorbimento del ferro.
- Idratazione: Grazie all'alto contenuto di acqua, è un ottimo alleato per mantenere il corpo idratato.
- Antiossidanti: Contiene flavonoidi utili per la salute cardiovascolare.

Come Prepararlo

Ingredienti:

- 3-4 arance fresche.
- Facoltativo: 1 cucchiaino di miele o zenzero grattugiato per arricchire il gusto.

Preparazione:

1. Taglia le arance a metà e spremile usando uno spremiagrumi (manuale o elettrico).
2. Filtra il succo se preferisci una consistenza più liscia.

Consiglio: Raffredda le arance in frigorifero prima di spremere per un succo più fresco.

Quando Consumarlo

Ideale al mattino per iniziare la giornata con energia o come rinfrescante pausa durante la giornata.

3. Succo di Pera: Dolcezza Delicata

Il succo di pera, meno comune ma altrettanto delizioso, è caratterizzato da una dolcezza naturale e da una consistenza vellutata. Perfetto per chi cerca una bevanda delicata e nutriente.

Benefici Nutrizionali

- Zuccheri Naturali: Fornisce energia a rilascio rapido.
- Vitamine e Minerali: Buona fonte di vitamina K, potassio e rame.
- Idratazione: Grazie al suo elevato contenuto di acqua, è una bevanda leggera e dissetante.

Come Prepararlo

Ingredienti:

- 3 pere mature (varietà Williams o Abate sono ideali).
- 1/4 di limone (opzionale, per aggiungere un tocco di acidità).

Preparazione:

1. Lava le pere e rimuovi il torsolo.
2. Inserisci i pezzi nell'estrattore o nella centrifuga.
3. Aggiungi qualche goccia di limone per bilanciare la dolcezza, se necessario.

Consiglio: Per un sapore più ricco, abbina il succo di pera a un pizzico di zenzero fresco.

Quando Consumarlo

Ideale come dessert leggero o come bevanda calmante prima di andare a dormire.

4. Varianti e Abbinamenti

Mela e Cannella:

Aggiungi un pizzico di cannella al succo di mela per una bevanda aromatica e invernale.

Arancia e Carota:

Combina il succo di arancia con quello di carota (2:1) per un mix dolce e ricco di vitamina A.

Pera e Zenzero:

Aggiungi una fettina di zenzero fresco al succo di pera per una nota speziata.

Arancia, Mela e Limone:

Unisci 2 mele, 1 arancia e 1/2 limone per un succo bilanciato e fresco.

5. Consigli per una Conservazione Ottimale

I succhi freschi di mela, arancia e pera sono più gustosi e nutrienti se consumati subito dopo la preparazione. Tuttavia, se necessario conservarli:

- In Frigorifero: Usa contenitori di vetro ermetici e consuma entro 24 ore.
- Ridurre l'Ossidazione: Aggiungi qualche goccia di succo di limone per preservare il colore e il sapore.

Conclusione

I succhi di mela, arancia e pera sono un simbolo di semplicità e genuinità. Facili da preparare e ricchi di benefici, offrono un'esperienza gustativa che si adatta a qualsiasi occasione. Sperimentare con questi classici ti permetterà di apprezzare appieno il valore della frutta fresca, trasformando ogni bicchiere in un momento di piacere e salute.

Ricette Esotiche: Mango, Ananas e Zenzero

La frutta esotica porta in tavola colori, sapori e profumi che evocano paesaggi tropicali. Mango, ananas e zenzero sono ingredienti perfetti per creare succhi che combinano dolcezza, acidità e una nota speziata. Ricchi di vitamine, minerali e antiossidanti, questi succhi non sono solo deliziosi, ma anche un concentrato di benessere.

In questo capitolo esploriamo come preparare e personalizzare queste bevande esotiche, bilanciando sapori e nutrienti per un'esperienza unica.

1. Succo di Mango: Dolcezza Cremosa con un Tocco Esotico

Il mango è il re della frutta tropicale, grazie al suo sapore dolce e alla consistenza vellutata. È perfetto per succhi corposi, sia da solo che combinato con altri ingredienti.

Benefici Nutrizionali

- Vitamina A e C: Supportano il sistema immunitario e migliorano la salute della pelle.
- Potassio: Aiuta a mantenere l'equilibrio dei liquidi nel corpo.
- Antiossidanti: Contiene beta-carotene e zeaxantina, utili per la salute degli occhi.

Ricetta Base

Ingredienti:

- 2 manghi maturi
- 200 ml di acqua fredda o acqua di cocco (opzionale)
- Succo di mezzo lime

Preparazione:

1. Sbuccia i manghi e rimuovi il nocciolo.
2. Frulla la polpa con l'acqua e il lime fino a ottenere una consistenza liscia.

3. **Consiglio:** Servi con cubetti di ghiaccio e una foglia di menta per un tocco rinfrescante.

2. Succo di Ananas: Freschezza e Vitalità

L'ananas è noto per il suo sapore dolce-acidulo e per le sue proprietà digestive, grazie alla presenza della bromelina, un enzima naturale.

Benefici Nutrizionali

- Bromelina: Favorisce la digestione e ha proprietà antinfiammatorie.
- Vitamina C: Potente antiossidante che rafforza le difese immunitarie.
- Basso Contenuto Calorico: Perfetto per una bevanda leggera e dissetante.

Ricetta Base

Ingredienti:

- 1 ananas maturo
- 1 cucchiaino di miele (opzionale)
- 200 ml di acqua fresca

Preparazione:

1. Sbuccia l'ananas e taglialo a pezzi.
2. Passa i pezzi nell'estrattore o frullali con l'acqua.
3. Aggiungi il miele se preferisci una bevanda più dolce.

Consiglio: Per un gusto più ricco, mescola il succo con un pizzico di cocco grattugiato.

3. Succo di Zenzero: Un Tocco Speziato e Rivitalizzante

Lo zenzero, con il suo sapore deciso e leggermente piccante, è l'ingrediente ideale per aggiungere profondità ai succhi. Da solo o in combinazione con frutta dolce, crea bevande stimolanti e benefiche.

Benefici Nutrizionali

- Proprietà Antinfiammatorie: Allevia dolori muscolari e articolari.
- Supporto Digestivo: Calma il tratto gastrointestinale e riduce la nausea.
- Potere Energizzante: Stimola la circolazione e rafforza il metabolismo.

Ricetta Base

Ingredienti:

- 3-4 cm di radice di zenzero fresco
- 1 mela verde (per bilanciare il sapore)
- 200 ml di acqua fredda

Preparazione:

1. Pela lo zenzero e taglialo a pezzetti.
2. Frulla o estrai insieme alla mela e all'acqua.

Consiglio: Diluisci con acqua frizzante per trasformarlo in una bevanda frizzante e speziata.

4. Combinazioni Esotiche con Mango, Ananas e Zenzero

Tropical Energy

Ingredienti:

- 1 mango
- 1/2 ananas
- 2 cm di zenzero
- Succo di un lime

Preparazione:

1. Frulla o estrai tutti gli ingredienti e servi con ghiaccio.
2. Aggiungi una fetta di lime come decorazione.

Benefici: Ricco di energia naturale, con un tocco rinfrescante e leggermente speziato.

Digestive Booster

Ingredienti:

- 1 ananas
- 1 cetriolo
- 2 cm di zenzero
- 200 ml di acqua fresca

Preparazione:

1. Passa gli ingredienti nell'estrattore o frullali insieme.
2. Servi subito per sfruttare al massimo le proprietà digestive.

Benefici: Ottimo per migliorare la digestione e idratare il corpo.

Golden Glow

Ingredienti:

- 1 mango
- 1/2 arancia
- 2 cm di zenzero
- Un pizzico di curcuma fresca

Preparazione:

1. Frulla o estrai tutti gli ingredienti.
2. Aggiungi una spolverata di curcuma sopra il bicchiere prima di servire.

Benefici: Un mix antinfiammatorio e antiossidante, perfetto per migliorare la luminosità della pelle.

5. Trucchi per Succhi Esotici Perfetti

Scegli Frutta Matura

- Per ottenere il massimo del sapore e della dolcezza, assicurati che mango e ananas siano ben maturi.

Gioca con le Spezie

- Oltre allo zenzero, puoi sperimentare con cannella, noce moscata o cardamomo per arricchire il gusto.

Servi Fresco o Freddo

- Raffredda gli ingredienti prima di prepararli o aggiungi ghiaccio durante la preparazione per una bevanda più rinfrescante.

Conclusione

Mango, ananas e zenzero sono protagonisti perfetti per succhi esotici che combinano gusto, salute e creatività. Questi ingredienti si prestano a infinite varianti e offrono benefici nutrizionali straordinari. Sperimenta con le ricette proposte o crea le tue combinazioni personali per portare un tocco tropicale e speziato nella tua routine quotidiana.

Mix Funzionali: Energizzanti, Detox, Ricostituenti

I succhi funzionali non sono solo gustosi, ma anche progettati per rispondere a specifiche esigenze del corpo. Che tu abbia bisogno di una carica di energia, di depurarti o di rimetterti in forze, un mix di frutta e verdura ben studiato può offrire benefici tangibili. In questo capitolo esploreremo ricette pratiche e nutrienti, suddivise per funzione: energizzanti, detox e ricostituenti

1. Succhi Energizzanti: La Carica Naturale

Un buon succo energizzante non è solo gustoso, ma anche progettato per offrire una carica immediata grazie a ingredienti naturali ricchi di zuccheri, vitamine e minerali. Ogni ricetta che segue è stata pensata per fornire energia duratura, utilizzando combinazioni di frutta e verdura che si bilanciano perfettamente. Scopri come preparare succhi che diventano veri alleati per affrontare la giornata o un momento di stanchezza.

Ricetta 1: Agrumi e Zenzero Sprint

Questa ricetta combina il sapore vivace degli agrumi con il calore dello zenzero, creando un succo stimolante e ricco di nutrienti.**Ingredienti:**

- 2 arance
- 1/2 limone
- 1 cm di radice di zenzero fresco
- 1 cucchiaino di miele (facoltativo)

Preparazione:

1. Spremi le arance e il limone con uno spremiagrumi per ottenere un succo fresco e brillante.
2. Pela lo zenzero e grattugialo finemente. Aggiungilo al succo di agrumi.
3. Se preferisci una nota dolce, mescola un cucchiaino di miele.
4. Versa in un bicchiere con ghiaccio e servi immediatamente.

Benefici: Questo succo è ricco di vitamina C, essenziale per rafforzare il sistema immunitario e migliorare la concentrazione. Lo zenzero, invece, stimola il metabolismo e dona energia naturale.

Ricetta 2: Tropical Sunrise

Un mix tropicale che combina dolcezza e freschezza, perfetto per iniziare la giornata con il piede giusto.

Ingredienti:

- 1 mango maturo
- 1 fetta di ananas (circa 150 g)
- 1/2 lime
- 200 ml di acqua di cocco

Preparazione:

1. Sbuccia il mango, rimuovi il nocciolo e taglialo a pezzi.
2. Pulisci l'ananas, eliminando la buccia e il torsolo, e taglialo in piccoli cubetti.
3. Frulla il mango e l'ananas con l'acqua di cocco fino a ottenere una consistenza liscia.
4. Aggiungi il succo di mezzo lime e mescola bene. Servi freddo.

Benefici: Gli zuccheri naturali del mango e dell'ananas offrono una carica di energia immediata, mentre l'acqua di cocco fornisce idratazione e potassio.

Ricetta 3: Verde Sprint

Questo succo unisce la freschezza del cetriolo alla dolcezza della mela verde, creando un mix rinfrescante e rivitalizzante.

Ingredienti:

- 1 mela verde
- 1 gambo di sedano
- 1 cetriolo
- 1 cucchiaino di spirulina (opzionale)

Preparazione:

1. Lava accuratamente tutti gli ingredienti e tagliali in pezzi adatti all'estrattore.
2. Passa mela, sedano e cetriolo nell'estrattore per ottenere un succo fresco e limpido.
3. Se desideri un ulteriore boost, aggiungi un cucchiaino di spirulina in polvere e mescola bene.
4. Servi subito con qualche cubetto di ghiaccio.

Benefici: Ricco di clorofilla e minerali, questo succo aiuta a ridurre la stanchezza e a migliorare la resistenza fisica e mentale.

Ricetta 4: Melograno e Lamponi Sprint

Un'esplosione di sapori e colori, perfetta per chi cerca energia con un tocco di dolcezza naturale.

Ingredienti:

- 1/2 melograno
- 1 tazza di lamponi freschi
- 1 mela rossa

Preparazione:

1. Estrai il succo del melograno utilizzando uno spremiagrumi o schiacciando i chicchi con un setaccio.
2. Frulla il succo di melograno con i lamponi e la mela tagliata a pezzi.
3. Filtra il composto per eliminare eventuali semi e ottenere una bevanda liscia.
4. Versa in un bicchiere e decora con qualche lampone fresco.

Benefici: Grazie agli antiossidanti del melograno e dei lamponi, questo succo combatte i radicali liberi e aumenta la concentrazione.

Ricetta 5: Carota e Arancia Glow

Un classico intramontabile che unisce il sapore dolce delle carote alla vivacità degli agrumi.

Ingredienti:

- 3 carote
- 2 arance
- 1 cm di zenzero fresco

Preparazione:

1. Lava le carote, pelale e tagliale a pezzi.
2. Spremi le arance e mescola il succo con quello ottenuto dalle carote e dallo zenzero estratti.
3. Mescola bene e servi freddo.

Benefici: Ricco di beta-carotene e vitamina C, è ideale per migliorare la salute della pelle e aumentare i livelli di energia.

Ricetta 6: Fragola e Banana Power

Una bevanda cremosa e dolce, perfetta per un boost di energia durante la giornata.

Ingredienti:

- 1 banana
- 1 tazza di fragole fresche
- 200 ml di latte di mandorla o acqua fresca

Preparazione:

1. Taglia la banana e le fragole a pezzi.
2. Frulla tutto insieme al latte di mandorla fino a ottenere una consistenza liscia.
3. Servi subito, aggiungendo ghiaccio per un effetto più rinfrescante.

Benefici: Gli zuccheri naturali della banana e delle fragole offrono energia immediata, mentre il latte di mandorla arricchisce il succo con grassi sani.

Ricetta 7: Ananas e Curcuma Spicy

Una combinazione tropicale con una nota speziata, ideale per iniziare la giornata con grinta.

Ingredienti:

- 1 fetta di ananas (circa 150 g)
- 1 cucchiaino di curcuma fresca grattugiata
- 1/2 lime

Preparazione:

1. Taglia l'ananas a pezzi e frullalo con la curcuma fresca.
2. Aggiungi il succo di lime e mescola bene.
3. Servi fresco con una decorazione di lime.

Benefici: La curcuma offre proprietà antinfiammatorie, mentre l'ananas stimola la digestione e dona energia.

Ricetta 8: Lampone e Uva Rossa

Un mix dolce e ricco di antiossidanti, ideale per una carica naturale durante la giornata.

Ingredienti:

- 1 tazza di lamponi freschi
- 1 grappolo di uva rossa senza semi
- 1/2 arancia

Preparazione:

1. Lava accuratamente i lamponi e l'uva.
2. Spremi il succo dell'arancia e mettilo da parte.
3. Frulla i lamponi e l'uva insieme al succo d'arancia fino a ottenere un composto omogeneo.
4. Filtra il succo per eliminare i semi e ottieni una bevanda liscia e cremosa.
5. Versa in un bicchiere e servi subito.

Benefici: La combinazione di frutti rossi offre una dose potente di antiossidanti, migliorando la circolazione e combattendo la fatica.

Ricetta 9: Mela e Spinaci Green Boost

Un succo rinfrescante e leggero, perfetto per chi cerca energia senza appesantirsi.

Ingredienti:

- 1 mela verde
- Una manciata di spinaci freschi
- 1/2 cetriolo
- 1 cucchiaino di semi di lino (facoltativo)

Preparazione:

1. Lava bene tutti gli ingredienti e tagliali in pezzi piccoli.
2. Passa mela, spinaci e cetriolo nell'estrattore.
3. Se vuoi arricchire il succo con grassi sani, aggiungi un cucchiaino di semi di lino e mescola.
4. Servi fresco con una fetta di limone come decorazione.

Benefici: Gli spinaci forniscono ferro e clorofilla, mentre la mela dona una dolcezza naturale per migliorare la concentrazione.

Ricetta 10: Pesca e Limone Sprint

Un mix estivo che unisce dolcezza e acidità, perfetto per le giornate calde.

Ingredienti:

- 2 pesche mature
- 1/2 limone
- 200 ml di acqua fredda

Preparazione:

1. Sbuccia le pesche, rimuovi il nocciolo e tagliale a pezzi.
2. Spremi il succo del limone e aggiungilo alle pesche.
3. Frulla il tutto con l'acqua fredda fino a ottenere un composto omogeneo.
4. Filtra il succo, se necessario, per eliminare eventuali fibre e servi con ghiaccio.

Benefici: Le pesche forniscono zuccheri naturali e idratazione, mentre il limone aggiunge un tocco di freschezza ed energia.

2. Succhi Detox: Purificare l'Organismo

I succhi detox sono un modo naturale ed efficace per aiutare il corpo a eliminare le tossine accumulate e favorire una sensazione di leggerezza e benessere. Queste 10 ricette dettagliate combinano ingredienti freschi e nutrienti per purificare fegato, reni e intestino, offrendo al tempo stesso gusto e freschezza.

Ricetta 1: Verde Purificante

Un classico detox che unisce la freschezza del cetriolo alla dolcezza della mela verde, perfetto per depurare l'organismo.

Ingredienti:

- 2 gambi di sedano
- 1 mela verde
- 1 cetriolo
- 1 cm di radice di zenzero fresco

Preparazione:

1. Lava e taglia tutti gli ingredienti a pezzi piccoli.
2. Passa sedano, mela, cetriolo e zenzero nell'estrattore o nella centrifuga.
3. Mescola bene e servi freddo.

Benefici: Favorisce la diuresi e l'eliminazione delle tossine, grazie al sedano e al cetriolo, mentre la mela e lo zenzero aggiungono sapore e nutrienti.

Ricetta 2: Freschezza al Cetriolo

Questo succo altamente idratante è ideale per combattere la ritenzione idrica e rinfrescare.

Ingredienti:

- 1 cetriolo
- 1/2 lime
- 6 foglie di menta fresca
- 200 ml di acqua

Preparazione:

1. Pela il cetriolo e taglialo a pezzi.
2. Frulla il cetriolo con l'acqua, poi aggiungi il succo di lime e le foglie di menta.
3. Filtra se necessario e servi freddo con ghiaccio.

Benefici: Rinfresca e aiuta a eliminare i liquidi in eccesso, mentre la menta dona una piacevole sensazione di freschezza.

Ricetta 3: Spinaci e Limone Detox

Un mix semplice ma potente, ricco di vitamine e minerali.

Ingredienti:

- 1 mela verde
- Una manciata di spinaci freschi
- 1/2 limone

Preparazione:

1. Lava bene gli spinaci e la mela, quindi taglia la mela a pezzi.
2. Passa tutto nell'estrattore o nella centrifuga.
3. Mescola e servi subito per preservare le vitamine.

Benefici: Gli spinaci sono una fonte eccellente di ferro e clorofilla, mentre il limone aiuta a depurare il fegato.

Ricetta 4: Melograno e Sedano Purificante

Un mix ricco di antiossidanti, ideale per chi desidera una pulizia profonda.

Ingredienti:

- 1/2 melograno
- 2 gambi di sedano
- 1/2 cetriolo

Preparazione:

1. Spremi il succo del melograno e mettilo da parte.
2. Passa il sedano e il cetriolo nell'estrattore e mescola con il succo di melograno.
3. Servi freddo con una decorazione di chicchi di melograno.

Benefici: Ricco di antiossidanti e diuretici naturali, aiuta a eliminare le tossine e a migliorare la circolazione.

Ricetta 5: Carota e Curcuma Light

Un mix colorato che unisce il sapore dolce della carota alla forza antinfiammatoria della curcuma.

Ingredienti:

- 3 carote
- 1 cm di curcuma fresca
- 1/2 limone

Preparazione:

1. Pela le carote e tagliale a pezzi.
2. Passa le carote e la curcuma nell'estrattore, poi aggiungi il succo di limone.
3. Mescola bene e servi subito.

Benefici: Favorisce la salute del fegato e migliora la digestione grazie alla curcuma e al limone.

Ricetta 6: Ananas e Menta Rinfrescante

Perfetto per le giornate calde, questo succo è dissetante e purificante.

Ingredienti:

- 1 fetta di ananas (circa 150 g)
- 1/2 lime
- 6 foglie di menta fresca

Preparazione:

1. Pulisci l'ananas e taglialo a pezzi.
2. Frulla l'ananas con il succo di lime e le foglie di menta.
3. Filtra il succo, se necessario, e servi con ghiaccio.

Benefici: L'ananas stimola la digestione e riduce i gonfiori, mentre la menta e il lime rinfrescano e disintossicano.

Ricetta 7: Ribes Nero e Mela Verde Detox

Un succo dai toni scuri, ricco di polifenoli e perfetto per una pulizia profonda.

Ingredienti:

- 1 tazza di ribes nero
- 1 mela verde
- 1/2 limone

Preparazione:

1. Lava il ribes e la mela, quindi taglia la mela a pezzi.
2. Passa tutto nell'estrattore o frulla e filtra.
3. Mescola bene e servi con una fetta di limone come decorazione.

Benefici: Ricco di antiossidanti, depura il fegato e rafforza il sistema immunitario

Ricetta 8: Zenzero e Cetriolo Purificante

Uno dei mix più semplici e potenti per depurarsi.

Ingredienti:

- 1 cetriolo
- 1 cm di zenzero fresco
- 1/2 limone

Preparazione:

1. Pela il cetriolo e taglialo a pezzi.
2. Passa cetriolo e zenzero nell'estrattore, poi aggiungi il succo di limone.
3. Mescola bene e servi subito.

Benefici: Aiuta a combattere il gonfiore e stimola la diuresi

Ricetta 9: Fragole e Lime Detox

Un succo dolce e fresco, perfetto per un detox estivo.

Ingredienti:

- 1 tazza di fragole fresche
- 1/2 lime
- 200 ml di acqua

Preparazione:

1. Lava le fragole e rimuovi il picciolo.
2. Frulla con l'acqua e il succo di lime, poi filtra.
3. Servi con ghiaccio e qualche fragola fresca.

Benefici: Ricco di vitamina C e antiossidanti, migliora la salute della pelle e aiuta a depurare.

Ricetta 10: Pera e Finocchio Light

Un succo delicato che depura senza rinunciare al gusto.

Ingredienti:

- 1 pera matura
- 1/2 finocchio
- 1/2 limone

Preparazione:

1. Lava e taglia pera e finocchio a pezzi.
2. Passa tutto nell'estrattore o frulla e filtra.
3. Mescola e servi fresco.

Benefici: Il finocchio aiuta la digestione, mentre la pera e il limone aggiungono dolcezza naturale e freschezza.

Succhi Ricostituenti: Recuperare Forza ed Energia

I succhi ricostituenti sono pensati per rimettere in sesto il corpo e la mente dopo un'attività fisica intensa, una giornata impegnativa o un periodo di stress. Combinano ingredienti ricchi di vitamine, minerali e proteine naturali per favorire il recupero e offrire un sostegno nutrizionale completo. Ecco 10 ricette dettagliate per ritrovare forza ed energia

Ricetta 1: Banana e Mandorle Cremoso

Un classico della ricostituzione fisica, ideale dopo un allenamento intenso.

Ingredienti:

- 1 banana matura
- 200 ml di latte di mandorle non zuccherato
- 1 cucchiaino di miele

Preparazione:

1. Taglia la banana a rondelle.
2. Frullala insieme al latte di mandorle e al miele fino a ottenere una consistenza liscia.
3. Servi subito, eventualmente aggiungendo cubetti di ghiaccio.

Benefici: Ricco di potassio e magnesio, aiuta a reintegrare i minerali persi durante l'attività fisica.

Ricetta 2: Mango e Latte di Cocco

Un mix tropicale dolce e nutriente, perfetto per un recupero rapido.

Ingredienti:

- 1 mango maturo
- 200 ml di latte di cocco
- 1/2 lime

Preparazione:
1. Sbuccia il mango, rimuovi il nocciolo e taglialo a pezzi.
2. Frulla il mango con il latte di cocco fino a ottenere una bevanda cremosa.
3. Aggiungi il succo di lime per bilanciare la dolcezza e servi fresco.

Benefici: Fornisce zuccheri naturali ed energia a lunga durata, oltre a grassi sani per il recupero muscolare.

Ricetta 3: Pera e Zenzero Ricostituente

Un succo leggero ma efficace, con un tocco speziato per risvegliare l'organismo.

Ingredienti:
- 2 pere mature
- 1 cm di zenzero fresco
- 200 ml di acqua fresca

Preparazione:
1. Lava le pere, rimuovi il torsolo e tagliale a pezzi.
2. Frulla le pere con lo zenzero e l'acqua, quindi filtra se necessario.
3. Servi fresco con ghiaccio.

Benefici: Ricco di zuccheri naturali e antiossidanti, è ideale per ricaricare l'organismo senza appesantire.

Ricetta 4: Spinaci e Kiwi Rigenerante

Un succo verde pieno di nutrienti per un recupero completo.

Ingredienti:
- 1 kiwi
- Una manciata di spinaci freschi
- 1/2 mela verde
- 200 ml di acqua fresca

Preparazione:

1. Pela il kiwi e taglia gli altri ingredienti a pezzi.
2. Frulla tutto con l'acqua fino a ottenere una bevanda omogenea.
3. Filtra se preferisci una consistenza più liscia.

Benefici: Fonte di vitamina C, ferro e fibre, aiuta a rigenerare l'energia e rafforza il sistema immunitario.

Ricetta 5: Latte di Soia e Fragole

Un mix proteico e dolce, ideale per il post-allenamento.

Ingredienti:

- 1 tazza di fragole fresche
- 200 ml di latte di soia
- 1 cucchiaino di sciroppo d'acero (opzionale)

Preparazione:

1. Lava le fragole e rimuovi il picciolo.
2. Frulla con il latte di soia e, se desideri un tocco di dolcezza, aggiungi lo sciroppo d'acero.
3. Servi fresco.

Benefici: Ricco di proteine vegetali e antiossidanti, aiuta a riparare i tessuti muscolari e migliorare il recupero.

Ricetta 6: Ananas e Semi di Chia

Un succo tropicale che unisce energia e idratazione.

Ingredienti:

- 1 fetta di ananas
- 1 cucchiaio di semi di chia
- 200 ml di acqua di cocco

Preparazione:

1. Taglia l'ananas a pezzi e frullalo con l'acqua di cocco.
2. Aggiungi i semi di chia e mescola bene.
3. Lascia riposare per 10 minuti affinché i semi si idratino, poi servi.

Benefici: L'ananas migliora la digestione, mentre i semi di chia e l'acqua di cocco forniscono idratazione e grassi sani.

Ricetta 7: Ribes Nero e Mela Rossa

Un succo rigenerante con un sapore dolce e leggermente aspro.

Ingredienti:

- 1 tazza di ribes nero
- 1 mela rossa
- 200 ml di acqua fresca

Preparazione:

1. Lava il ribes e la mela, taglia la mela a pezzi.
2. Frulla tutto con l'acqua e filtra se necessario.
3. Servi subito per massimizzare i nutrienti.

Benefici: Ricco di vitamina C e antiossidanti, aiuta a combattere lo stress ossidativo e rinvigorire l'organismo.

Ricetta 8: Pesca e Noci Ammollate

Un succo cremoso e nutriente, perfetto per chi cerca energia a lungo termine.

Ingredienti:

- 2 pesche mature
- 3 noci (ammollate per 4 ore)
- 150 ml di latte di mandorle

Preparazione:

1. Sbuccia le pesche e tagliale a pezzi.
2. Frulla le pesche con le noci ammollate e il latte di mandorle.
3. Servi fresco con una spolverata di cannella, se lo desideri.

Benefici: Le pesche offrono zuccheri naturali, mentre le noci forniscono grassi sani per una ricarica completa.

Ricetta 9: Avocado e Lime Ricostituente

Un succo cremoso e saziante, perfetto per un recupero post-sforzo.

Ingredienti:

- 1/2 avocado maturo
- 1/2 lime
- 200 ml di acqua fresca

Preparazione:

1. Rimuovi la polpa dell'avocado e frullala con l'acqua.
2. Aggiungi il succo di lime e mescola bene.
3. Servi fresco con ghiaccio.

Benefici: Ricco di grassi sani e potassio, aiuta a reintegrare energia e migliorare la salute muscolare.

Ricetta 10: Fichi e Latte di Avena

Un mix dolce e nutriente, ideale per chi cerca un recupero lento e duraturo.

Ingredienti:

- 3 fichi freschi
- 200 ml di latte di avena
- 1 cucchiaino di miele

Preparazione:

1. Lava i fichi e tagliali a pezzi.
2. Frulla con il latte di avena e aggiungi il miele per dolcificare.
3. Servi subito, decorando con una fettina di fico fresco.

Benefici: I fichi sono ricchi di zuccheri naturali e fibre, mentre il latte di avena fornisce carboidrati complessi per un recupero completo.

Succhi per Bambini: Idee Gustose e Nutrienti

Preparare succhi freschi e fatti in casa per i bambini è un modo sano e divertente per introdurre frutta e verdura nella loro alimentazione. I succhi per bambini devono essere equilibrati, ricchi di nutrienti e, soprattutto, deliziosi. Ecco alcune ricette che combinano gusto e salute, utilizzando ingredienti naturali e facilmente reperibili.

Consigli per Preparare Succhi Adatti ai Bambini

- Evita zuccheri aggiunti: Usa la dolcezza naturale della frutta per rendere il succo gustoso.
- Scegli frutta matura: È più dolce e piacevole al palato.
- Introduci gradualmente le verdure: Inizia con piccole quantità di verdure dolci, come carote o cetriolo, per abituare il bambino ai nuovi sapori.
- Filtra il succo se necessario: I bambini potrebbero preferire una consistenza più liscia, senza pezzi di polpa.

10 Ricette Gustose e Nutritive per Bambini

Ricetta 1: Mela e Pera Dolcezza Naturale

Ingredienti:

- 1 mela rossa
- 1 pera matura
- 200 ml di acqua fresca

Preparazione:

1. Lava e taglia la mela e la pera a pezzi, rimuovendo torsolo e semi.
2. Passa i pezzi nell'estrattore o frullali con l'acqua.
3. Filtra se necessario e servi fresco.

Benefici: Ricco di zuccheri naturali e fibre, è perfetto per una merenda sana e leggera.

Ricetta 2: Fragola e Banana Magia Rosa

Ingredienti:

- 1 banana
- 6 fragole fresche
- 200 ml di latte di mandorla o acqua fresca

Preparazione:

1. Lava le fragole e rimuovi il picciolo.
2. Frulla le fragole con la banana e il latte di mandorla fino a ottenere una consistenza cremosa.
3. Servi in un bicchiere colorato per renderlo ancora più invitante.

Benefici: La banana offre potassio, mentre le fragole aggiungono vitamina C e un sapore irresistibile.

Ricetta 3: Arancia e Carota Supervitaminico

Ingredienti:

- 2 arance
- 1 carota
- 1 cucchiaino di miele (opzionale)

Preparazione:

1. Spremi il succo delle arance.
2. Pela e grattugia la carota, poi estrai il succo con una centrifuga.
3. Mescola i due succhi e aggiungi il miele, se desideri un tocco di dolcezza.

Benefici: Ricco di vitamina A e C, è ideale per rafforzare il sistema immunitario.

Ricetta 4: Anguria e Menta Freschezza d'Estate

Ingredienti:

- 1 fetta di anguria (senza semi)
- 1 fogliolina di menta fresca

Preparazione:

1. Taglia l'anguria a cubetti e frullala.
2. Filtra per eliminare la polpa e aggiungi una foglia di menta come decorazione.

Benefici: Idratante e leggero, è perfetto per le giornate calde.

Ricetta 5: Kiwi e Mela Verde Avventura Tropicale

Ingredienti:

- 1 kiwi
- 1 mela verde
- 1 cucchiaino di succo di limone

Preparazione:

1. Pela il kiwi e taglia la mela a pezzi.
2. Frulla tutto insieme, aggiungendo il succo di limone per mantenere il colore vivace.
3. Servi subito per preservare la freschezza.

Benefici: Ricco di vitamina C, stimola le difese immunitarie e aiuta la digestione.

Ricetta 6: Melone e Pesca Dolce d'Estate

Ingredienti:

- 1 fetta di melone cantalupo
- 1 pesca matura
- 150 ml di acqua fresca

Preparazione:

1. Pulisci il melone e la pesca, rimuovendo buccia e semi.
2. Frulla con l'acqua fino a ottenere una consistenza liscia.
3. Servi in bicchieri trasparenti per valorizzarne il colore.

Benefici: Dolce e nutriente, è una fonte di vitamine A e C.

Ricetta 7: Ananas e Cocco Fantasia Tropicale

Ingredienti:

- 1 fetta di ananas
- 200 ml di latte di cocco

Preparazione:

1. Taglia l'ananas a cubetti e frullalo con il latte di cocco.
2. Servi con una decorazione di ananas fresca.

Benefici: Ricco di bromelina e grassi sani, è ottimo per la digestione e l'energia

Ricetta 8: Cetriolo e Menta Ghiacciata

Ingredienti:

- 1 cetriolo
- 1 fogliolina di menta
- 100 ml di acqua

Preparazione:

1. Pela il cetriolo e taglialo a pezzi.
2. Frulla con l'acqua e la menta, poi filtra per una consistenza più liscia.
3. Servi freddo.

Benefici: Rinfrescante e ricco di acqua, è perfetto per mantenere i bambini idratati.

Ricetta 9: Frutti Rossi Sorriso Rosso

Ingredienti:

- 1 tazza di lamponi
- 1 tazza di mirtilli
- 1 cucchiaio di yogurt greco

Preparazione:

1. Lava i frutti rossi e frullali con lo yogurt fino a ottenere una bevanda cremosa.
2. Servi in bicchieri colorati per renderlo più invitante.

Benefici: Ricco di antiossidanti e calcio, è perfetto per lo sviluppo delle ossa e il benessere generale.

Ricetta 10: Dolce Arcobaleno

Ingredienti:

- 1 mela rossa
- 1 arancia
- 1 carota
- 1/2 banana

Preparazione:

1. Taglia mela, carota e banana a pezzi.
2. Spremi il succo dell'arancia e uniscilo agli altri ingredienti frullati.
3. Filtra e servi subito con una cannuccia colorata.

Benefici: Un mix completo di vitamine e minerali per garantire energia e nutrizione bilanciata.

Capitolo 4

Estratti di Frutta e Verdura

Come Combinare Frutta e Verdura per Estratti Sani e Gustosi

Gli estratti che combinano frutta e verdura sono un'ottima soluzione per ottenere nutrienti bilanciati e un sapore delizioso. Con il giusto equilibrio tra dolcezza e freschezza, puoi creare bevande che soddisfano il palato e migliorano la salute. Ecco 10 ricette dettagliate che ti aiuteranno a sfruttare al meglio frutta e verdura.

Ricetta 1: Verde Vitalità

Un classico mix detox ricco di freschezza e nutrienti essenziali.

Ingredienti:

- 1 mela verde
- 2 gambi di sedano
- 1 cetriolo
- 1/2 limone
- 1 cm di zenzero fresco

Preparazione:

1. Lava bene tutti gli ingredienti.
2. Taglia mela, sedano e cetriolo in pezzi adatti all'estrattore.
3. Passa tutto nell'estrattore, alternando gli ingredienti.
4. Mescola il succo e servi fresco con ghiaccio.

Benefici: Favorisce la diuresi, aiuta la digestione e dona energia grazie allo zenzero.

Ricetta 2: Dolce Arcobaleno

Un mix colorato, ideale per chi ama un sapore dolce e naturale.

Ingredienti:

- 2 carote
- 1 mela rossa
- 1 fetta di melone (circa 150 g)
- 1/2 limone

Preparazione:

1. Pela le carote e il limone.
2. Taglia la mela e il melone in pezzi piccoli.
3. Estrarre il succo da tutti gli ingredienti, mescolando bene prima di servire.

Benefici: Ricco di vitamina A e C, migliora la salute della pelle e rafforza il sistema immunitario.

Ricetta 3: Spinaci e Mela Verde Detox

Un succo verde equilibrato, perfetto per purificare il corpo.

Ingredienti:

- Una manciata di spinaci freschi
- 1 mela verde
- 1/2 cetriolo
- 1/2 limone

Preparazione:

1. Lava gli spinaci e gli altri ingredienti.
2. Taglia mela e cetriolo in pezzi e passa tutto nell'estrattore.
3. Aggiungi il succo di limone fresco, mescola e servi subito.

Benefici: Gli spinaci offrono ferro e clorofilla, mentre la mela e il limone aggiungono freschezza e un tocco di dolcezza.

Ricetta 4: Ananas e Carota Freschezza Esotica

Un succo leggero e tropicale, ottimo per l'idratazione e la digestione.

Ingredienti:

- 1 fetta di ananas
- 2 carote
- 1 cm di zenzero fresco

Preparazione:

1. Pela le carote e lo zenzero.
2. Taglia l'ananas a pezzi.
3. Passa tutto nell'estrattore e servi subito con una fettina di ananas come decorazione.

Benefici: L'ananas e lo zenzero stimolano la digestione, mentre le carote sono una fonte eccellente di vitamina A.

Ricetta 5: Fragola e Spinaci Primavera

Un mix dolce e verde, perfetto per chi desidera un sapore fruttato con un tocco salutare.

Ingredienti:

- 1 tazza di fragole fresche
- Una manciata di spinaci
- 1 mela rossa

Preparazione:

1. Lava bene fragole e spinaci.
2. Taglia la mela a pezzi.
3. Passa tutti gli ingredienti nell'estrattore e servi in un bicchiere colorato.

Benefici: Ricco di antiossidanti, migliora la salute della pelle e fornisce ferro e vitamine.

Ricetta 6: Zucchina e Mela Dolcezza Leggera

Un succo delicato e inaspettato, ideale per l'estate.

Ingredienti:

- 1 mela gialla
- 1 zucchina piccola
- 1/2 lime

Preparazione:

1. Lava bene la zucchina e la mela.
2. Taglia a pezzi entrambi gli ingredienti.
3. Passa tutto nell'estrattore, aggiungi il succo di lime e mescola.

Benefici: Idrata il corpo e offre una dolcezza naturale con poche calorie.

Ricetta 7: Cavolo Riccio e Arancia Energizzante

Un mix insolito ma delizioso, ricco di vitamine e minerali.

Ingredienti:

- 2 foglie di cavolo riccio
- 1 arancia
- 1/2 mela verde

Preparazione:

1. Lava bene il cavolo riccio e gli altri ingredienti.
2. Sbuccia l'arancia e taglia a pezzi mela e cavolo.
3. Passa tutto nell'estrattore e servi fresco.

Benefici: Il cavolo riccio è ricco di calcio e ferro, mentre l'arancia aggiunge un tocco di dolcezza e vitamina C.

Ricetta 8: Kiwi e Carota Energia Verde

Un succo rinfrescante con un equilibrio perfetto tra dolcezza e acidità.

Ingredienti:

- 2 carote
- 2 kiwi
- 1/2 cetriolo

Preparazione:

1. Pela carote e kiwi.
2. Taglia tutto a pezzi e passa nell'estrattore.
3. Servi fresco con ghiaccio.

Benefici: Il kiwi aggiunge vitamina C, mentre le carote forniscono betacarotene e freschezza.

Ricetta 9: Melone e Sedano Estivo

Un succo leggero e dissetante, perfetto per le giornate calde.

Ingredienti:

- 1 fetta di melone cantalupo
- 1 gambo di sedano
- 1/2 lime

Preparazione:

1. Pulisci il melone, rimuovendo la buccia e i semi.
2. Taglia il sedano a pezzi e passa tutto nell'estrattore.
3. Aggiungi il succo di lime fresco e servi freddo.

Benefici: Idratante e rinfrescante, supporta la digestione e aiuta a combattere il caldo.

Ricetta 10: Uva e Spinaci Detox Naturale

Un mix dolce con un tocco verde, ideale per depurarsi senza rinunciare al gusto.

Ingredienti:

- 1 grappolo di uva bianca senza semi
- Una manciata di spinaci freschi
- 1/2 limone

Preparazione:

1. Lava bene l'uva e gli spinaci.
2. Passa nell'estrattore insieme al succo di limone.
3. Mescola bene e servi subito.

Benefici: L'uva depura il fegato e fornisce energia, mentre gli spinaci aggiungono ferro e clorofilla.

Estratti per Ogni Stagione: Idee Primaverili, Estive, Autunnali e Invernali

Gli estratti stagionali permettono di sfruttare al massimo i benefici della frutta e della verdura disponibili in ogni periodo dell'anno, offrendo sapori autentici e un concentrato di nutrienti. Ogni stagione ha i suoi protagonisti, e combinare questi ingredienti freschi nei tuoi estratti garantisce gusto, varietà e benessere.

Ecco 10 ricette dettagliate per ogni stagione, pensate per soddisfare il palato e le esigenze del tuo corpo.

Primavera: Rinnovamento e Freschezza

La primavera porta con sé freschezza e leggerezza. Gli estratti primaverili puntano a depurare l'organismo e a prepararlo all'arrivo dell'estate.

Verde Primavera

Ingredienti: 1 mela verde, 2 gambi di sedano, 1/2 cetriolo, 1 cm di zenzero fresco.

Preparazione: Lava gli ingredienti, tagliali a pezzi e passali nell'estrattore. Servi con ghiaccio.

Benefici: Un succo detox per depurare il fegato e migliorare la digestione.

Agrumi Vitali

Ingredienti: 1 arancia, 1 pompelmo, 1 limone.

Preparazione: Spremi tutti gli agrumi e mescola bene.

Benefici: Ricco di vitamina C, stimola il sistema immunitario.

Carota e Prezzemolo

Ingredienti: 2 carote, una manciata di prezzemolo, 1/2 mela verde.

Preparazione: Passa gli ingredienti nell'estrattore e servi subito.

Benefici: Aiuta a depurare il sangue e favorisce la salute della pelle.

Ribes e Kiwi

Ingredienti: 1 tazza di ribes rosso, 1 kiwi.

Preparazione: Frulla ribes e kiwi, filtra e servi fresco.

Benefici: Ricco di antiossidanti e vitamina C.

Spinaci e Ananas

Ingredienti: Una manciata di spinaci, 1 fetta di ananas.

Preparazione: Passa gli ingredienti nell'estrattore e servi con una foglia di menta.

Benefici: Depurativo e rinfrescante.

Fragola e Cetriolo

Ingredienti: 1 tazza di fragole, 1/2 cetriolo.

Preparazione: Frulla fragole e cetriolo, filtra e servi.

Benefici: Idrata e favorisce la luminosità della pelle.

Zenzero e Limone Booster

Ingredienti: 1 limone, 1 cm di zenzero fresco, 1 cucchiaino di miele.

Preparazione: Spremi il limone, grattugia lo zenzero e mescola tutto con acqua fresca.

Benefici: Ideale per rinforzare il sistema immunitario.

Melograno e Sedano

Ingredienti: 1 melograno, 2 gambi di sedano.

Preparazione: Spremi il melograno e aggiungi il succo di sedano. Mescola bene.

Benefici: Un mix disintossicante e antiossidante.

Menta e Lime Rinfrescante

Ingredienti: 1 lime, 6 foglie di menta fresca, 200 ml di acqua.

Preparazione: Frulla gli ingredienti con l'acqua e filtra per un succo leggero.

Benefici: Rinfresca e favorisce la digestione.

Mela e Spinaci Glow

Ingredienti: 1 mela rossa, una manciata di spinaci.

Preparazione: Passa gli ingredienti nell'estrattore e servi subito.

Benefici: Ricco di ferro e antiossidanti.

Estate: Freschezza e Idratazione

Gli estratti estivi sono perfetti per combattere il caldo e idratarsi con ingredienti leggeri e dissetanti.

Anguria e Lime

Ingredienti: 1 fetta di anguria, 1/2 lime.

Preparazione: Frulla l'anguria e aggiungi il succo di lime. Filtra e servi freddo.

Benefici: Altamente idratante, ideale contro il caldo.

Melone e Menta

Ingredienti: 1 fetta di melone cantalupo, 6 foglie di menta.

Preparazione: Frulla il melone con la menta e servi con ghiaccio.

Benefici: Dissetante e rinfrescante.

Pesca e Arancia

Ingredienti: 1 pesca matura, 1 arancia.

Preparazione: Spremi l'arancia e frullala con la pesca sbucciata.

Benefici: Dolce e ricco di vitamina C.

Fragola e Basilico

Ingredienti: 1 tazza di fragole, 4 foglie di basilico.
Preparazione: Frulla e filtra, poi servi fresco.
Benefici: Rinfrescante e ricco di antiossidanti.

Cocomero e Cetriolo

Ingredienti: 1 fetta di cocomero, 1/2 cetriolo.
Preparazione: Frulla insieme e servi freddo.
Benefici: Idratante e leggero.

Ananas e Latte di Cocco

Ingredienti: 1 fetta di ananas, 200 ml di latte di cocco.
Preparazione: Frulla tutto insieme e servi subito.
Benefici: Un tocco tropicale per una bevanda energizzante.

Fichi e Limone

Ingredienti: 2 fichi freschi, 1/2 limone.
Preparazione: Frulla i fichi con il succo di limone.
Benefici: Dolce e ricco di fibre.

Ribes e Melone

Ingredienti: 1 tazza di ribes rosso, 1 fetta di melone.
Preparazione: Frulla e servi freddo.
Benefici: Ricco di antiossidanti e vitamine.

Mango e Cetriolo

Ingredienti: 1 mango, 1/2 cetriolo.
Preparazione: Frulla insieme e servi subito.
Benefici: Idratante e ricco di vitamina A.

Uva e Pesca

Ingredienti: 1 grappolo di uva bianca, 1 pesca.

Preparazione: Frulla tutto e filtra.

Benefici: Dolce e dissetante.

Autunno: Calore e Nutrimento

Gli estratti autunnali si concentrano su ingredienti ricchi e nutrienti per preparare il corpo all'arrivo dell'inverno.

Mela e Cannella Comfort

Ingredienti: 1 mela rossa, 1/4 di cucchiaino di cannella, 1 cucchiaino di miele.

Preparazione: Estrarre il succo della mela, aggiungere la cannella e il miele, mescolare bene e servire tiepido.

Benefici: Perfetto per riscaldarsi e rinforzare il sistema immunitario.

Pera e Finocchio Detox

Ingredienti: 2 pere mature, 1/2 finocchio.

Preparazione: Lava gli ingredienti, tagliali e passali nell'estrattore.

Benefici: Aiuta la digestione e offre dolcezza naturale.

Zucca e Arancia

Ingredienti: 1 fetta di zucca cruda (varietà dolce), 1 arancia.

Preparazione: Taglia la zucca a cubetti, spremi l'arancia e unisci tutto nell'estrattore.

Benefici: Ricco di beta-carotene e vitamina C, perfetto per la salute della pelle.

Melagrana e Mela Verde

Ingredienti: 1 melagrana, 1 mela verde.

Preparazione: Spremi il succo della melagrana, aggiungi il succo di mela e mescola bene.

Benefici: Un potente antiossidante per combattere i radicali liberi.

Carota e Zenzero

Ingredienti: 2 carote, 1 cm di zenzero fresco, 1/2 limone.

Preparazione: Estrarre il succo di carote e zenzero, aggiungere il succo di limone e mescolare.

Benefici: Perfetto per rafforzare il sistema immunitario con un sapore speziato.

Uva e Cavolo Nero

Ingredienti: 1 grappolo di uva rossa, 2 foglie di cavolo nero.

Preparazione: Lava gli ingredienti, passali nell'estrattore e servi freddo.

Benefici: Ricco di ferro e antiossidanti, ideale per affrontare i primi freddi.

Fichi e Latte di Mandorla

Ingredienti: 2 fichi freschi, 200 ml di latte di mandorla.

Preparazione: Frulla i fichi con il latte di mandorla e filtra per una consistenza liscia.

Benefici: Dolce e nutriente, perfetto per una pausa ricostituente.

Pera e Melograno Glow

Ingredienti: 1 pera, 1 melograno.

Preparazione: Spremi il melograno, frulla con la pera e filtra.

Benefici: Aiuta la circolazione e dona energia.

Zucca e Mela Speziata

Ingredienti: 1 fetta di zucca, 1 mela rossa, un pizzico di noce moscata.

Preparazione: Passa tutto nell'estrattore, mescola con la noce moscata e servi.

Benefici: Ideale per rinforzare il sistema immunitario con sapori autunnali.

Ribes Nero e Finocchio Detox

Ingredienti: 1 tazza di ribes nero, 1/2 finocchio.

Preparazione: Lava gli ingredienti e passali nell'estrattore.

Benefici: Un succo leggero e disintossicante.

Inverno: Calore e Forza

Gli estratti invernali sono pensati per sostenere il sistema immunitario e offrire energia nei mesi più freddi.

Arancia e Zenzero Caldo

Ingredienti: 2 arance, 1 cm di zenzero fresco.

Preparazione: Spremi le arance, grattugia lo zenzero e unisci tutto. Servi tiepido.

Benefici: Rafforza il sistema immunitario e riscalda nelle giornate fredde.

Pompelmo e Menta Fresca

Ingredienti: 1 pompelmo rosa, 6 foglie di menta fresca.

Preparazione: Spremi il pompelmo, trita la menta e mescola tutto.

Benefici: Ricco di vitamina C, aiuta a combattere la stanchezza.

Mela e Cannella

Ingredienti: 1 mela rossa, 1/4 di cucchiaino di cannella.

Preparazione: Estrarre il succo della mela e mescolare con la cannella. Servi tiepido.

Benefici: Sapore avvolgente, perfetto per l'inverno.

Barbabietola e Carota

Ingredienti: 1 barbabietola cruda, 2 carote, 1/2 limone.

Preparazione: Pela e taglia la barbabietola e le carote, estrai il succo e aggiungi il limone.

Benefici: Ricco di ferro e vitamine per combattere la stanchezza.

Pera e Zenzero

Ingredienti: 1 pera, 1 cm di zenzero fresco.

Preparazione: Estrarre il succo della pera e dello zenzero e mescolare.

Benefici: Un succo riscaldante e lenitivo per la gola.

Mandarino e Carota

Ingredienti: 3 mandarini, 2 carote.

Preparazione: Spremi i mandarini, estrai il succo delle carote e unisci tutto.

Benefici: Dolce e ricco di vitamina A e C.

Melograno e Arancia

Ingredienti: 1 melograno, 1 arancia.

Preparazione: Spremi il melograno e l'arancia, unisci tutto e servi.

Benefici: Potente antiossidante per rinforzare le difese.

Kiwi e Pera

Ingredienti: 2 kiwi, 1 pera matura.

Preparazione: Frulla tutto e filtra per una consistenza più liscia.

Benefici: Ricco di vitamina C e zuccheri naturali per l'energia.

Mela, Sedano e Zenzero

Ingredienti: 1 mela verde, 1 gambo di sedano, 1 cm di zenzero fresco.

Preparazione: Lava, taglia e passa tutto nell'estrattore.

Benefici: Un mix detox perfetto anche in inverno.

Carota e Curcuma

Ingredienti: 2 carote, 1 cm di curcuma fresca, 1/2 limone.

Preparazione: Estrarre il succo di carote e curcuma, aggiungere il limone e mescolare.

Benefici: Antinfiammatorio e rinforzante.

Benefici Specifici di Alcuni Ingredienti: Zenzero, Curcuma, Cavolo

Gli ingredienti naturali sono ricchi di proprietà benefiche che possono migliorare la salute e il benessere generale. Tra i più versatili e potenti troviamo lo **zenzero**, la **curcuma** e il **cavolo**, che non solo arricchiscono i succhi e gli estratti con sapori unici, ma offrono anche incredibili benefici per il corpo. In questo capitolo esploreremo le caratteristiche nutrizionali e i benefici di questi ingredienti, scoprendo perché dovrebbero essere una presenza costante nella tua dieta.

Zenzero: La Radice Speziata dal Potere Energizzante

Composizione Nutrizionale

Lo zenzero è una radice ricca di composti bioattivi, tra cui il gingerolo, che è responsabile del suo sapore speziato e delle sue potenti proprietà antinfiammatorie. Contiene anche vitamine del gruppo B, vitamina C, ferro, magnesio e potassio.

Benefici Principali

- Effetto Antinfiammatorio

Lo zenzero è noto per le sue proprietà antinfiammatorie naturali, che possono aiutare a ridurre il dolore articolare e muscolare. È particolarmente utile per chi soffre di artrite o dolori cronici.

- Migliora la Digestione

Stimola la produzione di succhi gastrici, favorendo una digestione più rapida e completa. È particolarmente utile per alleviare nausea, gonfiore e indigestione.

- Potenzia il Sistema Immunitario

Grazie al gingerolo e ai suoi antiossidanti, lo zenzero aiuta a combattere infezioni e raffreddori, rafforzando le difese naturali del corpo.

- Regola la Glicemia

Studi dimostrano che lo zenzero può aiutare a migliorare i livelli di zucchero nel sangue, rendendolo utile per chi è a rischio di diabete di tipo 2.

Come Usarlo nei Succhi

Aggiungi un pezzo di zenzero fresco (1-2 cm) ai tuoi estratti per un sapore speziato e un boost di energia.

Combinalo con limone e mela per un succo detox potente.

Curcuma: L'Oro della Natura

Composizione Nutrizionale

La curcuma è una spezia ottenuta dal rizoma di una pianta tropicale. Il suo principio attivo più potente è la curcumina, un composto con forti proprietà antinfiammatorie e antiossidanti. Contiene anche ferro, manganese, vitamina C e vitamina B6.

Benefici Principali

- Antinfiammatorio Naturale

La curcumina è ampiamente studiata per il suo effetto nel ridurre l'infiammazione cronica. Può aiutare a prevenire malattie come artrite, malattie cardiache e sindrome metabolica.

- Supporto alla Salute del Cervello

La curcuma stimola la produzione di BDNF (Brain-Derived Neurotrophic Factor), un ormone che favorisce la crescita di nuove connessioni neuronali e può migliorare la memoria.

- Proprietà Antiossidanti

Neutralizza i radicali liberi e migliora la capacità antiossidante del corpo, aiutando a prevenire danni cellulari e l'invecchiamento precoce.

- Migliora la Salute Digestiva

Favorisce il funzionamento del fegato e aiuta nella digestione dei grassi, rendendola ideale per una dieta detox.

Come Usarla nei Succhi

Aggiungi 1 cm di curcuma fresca a estratti con carote, arance o zenzero per un sapore speziato e dolce.

Combinala con latte vegetale e miele per creare il famoso "Golden Milk", una bevanda benefica e saporita.

Cavolo: Il Re dei Superfood

Composizione Nutrizionale

Il cavolo, in particolare il cavolo riccio (kale), è una verdura crucifera eccezionalmente ricca di vitamine, minerali e composti fitochimici. Contiene vitamina C, vitamina K, ferro, calcio, acido folico e antiossidanti come il beta-carotene e i flavonoidi.

Benefici Principali

- Sostiene la Salute delle Ossa

Grazie all'elevato contenuto di vitamina K, il cavolo aiuta nella coagulazione del sangue e favorisce la densità ossea, riducendo il rischio di osteoporosi.

- Detox Potente

Le crucifere, come il cavolo, contengono composti solforati che stimolano la disintossicazione naturale del fegato, eliminando le tossine accumulate nel corpo.

- Favorisce il Sistema Cardiovascolare

Il cavolo è ricco di potassio, che aiuta a regolare la pressione sanguigna, e di antiossidanti che proteggono il cuore.

- Proprietà Antitumorali

Grazie ai glucosinolati, il cavolo può aiutare a ridurre il rischio di alcuni tipi di cancro, stimolando enzimi disintossicanti.

Come Usarlo nei Succhi

Usa 2-3 foglie di cavolo riccio nei tuoi estratti verdi, insieme a mela verde e cetriolo, per un succo leggero e nutriente.

Combinalo con agrumi e carote per bilanciare il suo sapore più intenso.

Come Combinare Zenzero, Curcuma e Cavolo nei Succhi

Una delle combinazioni più efficaci è quella di integrare questi tre ingredienti in un unico estratto per massimizzare i **benefici:**

Ricetta Super Detox:

Ingredienti: 2 foglie di cavolo riccio, 1 cm di zenzero, 1 cm di curcuma fresca, 1 mela verde, 1/2 limone.

Preparazione: Lava gli ingredienti, tagliali e passali nell'estrattore.

Benefici: Rafforza il sistema immunitario, migliora la digestione e aiuta a depurare il fegato.

Conclusione

Zenzero, curcuma e cavolo sono tre ingredienti straordinari, ricchi di proprietà benefiche per la salute. Sia che tu li utilizzi singolarmente o combinati nei tuoi succhi ed estratti, possono aiutarti a migliorare il benessere generale, supportare la salute del cuore, del cervello e del sistema immunitario, e promuovere la disintossicazione naturale.

Includerli regolarmente nella tua alimentazione è un passo importante verso uno stile di vita più sano e consapevole. Sperimenta con le combinazioni e scopri quale di questi ingredienti diventa il tuo preferito!

Capitolo 5

Ridurre gli sprechi con la frutta

Idee per Utilizzare gli Scarti dei Succhi (Polpa e Bucce) in Cucina e per il Compost

Preparare succhi freschi ed estratti di frutta e verdura è un'abitudine salutare, ma spesso comporta la produzione di una quantità significativa di scarti, come polpa, bucce e fibre. Questi residui, anziché essere gettati, possono essere utilizzati in modi creativi e sostenibili, riducendo gli sprechi e valorizzando ogni parte degli ingredienti. In questo capitolo, esploreremo idee pratiche per trasformare gli scarti in risorse utili in cucina e nel compost.

Utilizzare gli Scarti in Cucina

Gli scarti di frutta e verdura sono una miniera di fibre e nutrienti. Ecco alcune idee per integrarli nella tua alimentazione:

Aggiunta a Dolci e Biscotti

La polpa di mela, carota o pera può essere utilizzata per arricchire l'impasto di dolci e biscotti.

Come fare:

Aggiungi 1-2 tazze di polpa agli ingredienti secchi (farina, zucchero) nella ricetta dei muffin, torte o barrette.

La polpa dona umidità e dolcezza naturale ai dolci.

Esempio: Muffin alle carote e mele, perfetti per la colazione o la merenda.

Zuppe e Brodi Vegetali

Le fibre di verdura come sedano, carota e zucchina possono essere un'ottima base per zuppe e brodi.

Come fare:

Metti gli scarti in una pentola con acqua, aggiungi spezie (alloro, pepe) e cuoci a fuoco lento per circa un'ora.

Filtra il liquido e usa il brodo per risotti, minestre o salse.

Vantaggi: Un brodo ricco di sapore e completamente naturale.

Polpette Vegetariane

Usa la polpa di verdure come base per polpette vegetali.

Come fare:

Mescola gli scarti con pangrattato, uova, erbe aromatiche e formaggio grattugiato.

Forma delle polpette, cuoci in forno o in padella.

Esempio: Polpette di carote, zucchine e ceci, perfette come antipasto o secondo.

Smoothie e Frullati

La polpa di frutta rimasta dagli estratti può essere frullata con latte, yogurt o latte vegetale per creare smoothie cremosi.

Come fare:

Mescola gli scarti con una banana e latte di mandorla.

Aggiungi un pizzico di cannella per un tocco aromatico.

Vantaggi: Nessun ingrediente va sprecato e ottieni una bevanda energetica e sana.

Crackers o Chips di Verdura

Gli scarti di verdura possono essere trasformati in snack croccanti.

Come fare:

Mescola la polpa con semi di lino, olio d'oliva e un pizzico di sale.

Stendi l'impasto su una teglia e cuoci in forno a bassa temperatura fino a renderlo croccante.

Esempio: Crackers di carote e semi di sesamo, perfetti con hummus o formaggi spalmabili.

Marmellate e Composte

Gli scarti di frutta, come mele e fragole, possono essere trasformati in marmellate.

Come fare:

Cuoci gli scarti con zucchero e succo di limone fino a ottenere una consistenza densa.

Frulla per un risultato omogeneo o lascia i pezzi per una marmellata rustica.

Esempio: Marmellata di mele e pere per colazioni nutrienti.

Utilizzo degli Scarti per il Compost

Gli scarti di frutta e verdura sono una risorsa preziosa per il compostaggio domestico. Compostare significa trasformare i rifiuti organici in humus, un fertilizzante naturale che arricchisce il terreno e riduce la quantità di rifiuti inviati alle discariche.

Come Preparare un Compost Domestico

- Raccogli i Materiali:

Scarti di frutta e verdura, bucce, fondi di caffè e foglie secche.

Evita agrumi in grandi quantità, carne e latticini, che possono attirare insetti.

- Trova un Contenitore:

Usa un bidone di compostaggio o crea una compostiera fai-da-te con un contenitore forato per favorire l'aerazione.

- Alterna Strati:

Posiziona uno strato di materiali secchi (foglie, carta) e uno strato di materiali umidi (scarti di cucina).

- Mescola Regolarmente:

Gira il composto ogni 2 settimane per favorire l'ossigenazione e accelerare il processo.

- Tempo di Attesa:

Il compost sarà pronto in 2-4 mesi, a seconda della temperatura e della quantità di materiali aggiunti.

Benefici del Compost

Riduzione degli Sprechi: Trasforma i rifiuti organici in risorsa, riducendo l'impatto ambientale.

Fertilizzante Naturale: Il compost nutre il terreno senza bisogno di prodotti chimici.

Salute delle Piante: Arricchisce il suolo con nutrienti essenziali, migliorando la resa di orti e giardini.

Bucce: Un Tesoro da Riscoprire

Anche le bucce, spesso considerate scarti, possono essere riutilizzate:

Polveri Aromatiche

Le bucce di agrumi (arance, limoni) possono essere essiccate e ridotte in polvere per insaporire dolci o tè.

Detergenti Naturali

Le bucce di limone e arancia, immerse in aceto per 2 settimane, creano un detergente naturale per la casa.

Infusi e Tisane

Le bucce di mela e pera possono essere bollite per preparare tisane rilassanti e aromatiche.

Conclusione

Riutilizzare gli scarti di frutta e verdura è un modo semplice e creativo per adottare uno stile di vita sostenibile, riducendo gli sprechi e trasformando ciò che resta in qualcosa di utile. Che si tratti di preparare nuovi piatti in cucina o di migliorare il tuo giardino con un compost fatto in casa, ogni residuo può trovare una seconda vita. Sperimenta queste idee e scopri come trasformare il "rifiuto" in una risorsa preziosa!

Come Massimizzare l'Uso della Frutta Raccolta: Marmellate, Conserve e Snack Naturali

La frutta fresca appena raccolta rappresenta una ricchezza inestimabile. Per evitare sprechi e prolungare il piacere di gustarla, è possibile trasformarla in marmellate, conserve o snack naturali, sfruttando ogni parte del raccolto. Questi metodi non solo permettono di preservare i sapori della stagione, ma offrono anche opzioni sane e deliziose da consumare tutto l'anno.

Marmellate: Un Classico Sempre Apprezzato

Le marmellate sono un modo tradizionale per conservare la frutta, mantenendo intatti i suoi sapori e trasformandola in un prodotto versatile. Perfette su pane tostato, per farcire dolci o come accompagnamento per formaggi, le marmellate si adattano a ogni occasione.

Ricetta Base per Marmellata di Frutta

Ingredienti:

- 1 kg di frutta fresca (mele, pere, fragole, pesche, ecc.)
- 500-700 g di zucchero (regolabile in base alla dolcezza della frutta)
- Succo di 1 limone

Preparazione:

1. Lava e taglia la frutta in pezzi piccoli. Se necessario, elimina i noccioli o i semi.
2. In una pentola, mescola la frutta con lo zucchero e il succo di limone.
3. Cuoci a fuoco lento, mescolando di tanto in tanto, fino a quando la marmellata raggiunge la consistenza desiderata (circa 30-40 minuti).
4. Versa la marmellata calda in vasetti sterilizzati, chiudili bene e capovolgili per creare il sottovuoto.

Varianti Creative:

Marmellata di Frutti Rossi e Vaniglia: Aggiungi una bacca di vaniglia durante la cottura.

Marmellata di Pesche e Zenzero: Unisci zenzero fresco grattugiato per un tocco speziato.

Marmellata di Mele e Cannella: Una combinazione perfetta per l'autunno.

Consiglio:

Usa scarti come bucce e torsoli (ben lavati) per preparare una marmellata "zero sprechi" ricca di pectina naturale.

Conserve: Sapori Autentici da Gustare Tutto l'Anno

Le conserve di frutta, come composte e sciroppate, sono un'altra opzione eccellente per massimizzare il raccolto. A differenza delle marmellate, le conserve mantengono pezzi più grandi di frutta e un sapore più vicino all'originale.

Frutta Sciroppata

Ingredienti:

- 1 kg di frutta (albicocche, pesche, ciliegie)
- 1 litro di acqua
- 300 g di zucchero

Preparazione:

1. Lava la frutta e, se necessario, rimuovi i noccioli.
2. Prepara lo sciroppo sciogliendo lo zucchero nell'acqua a fuoco lento.
3. Immergi la frutta nello sciroppo e fai cuocere per 5 minuti.
4. Trasferisci la frutta con il liquido nei vasetti sterilizzati, sigilla e capovolgi per il sottovuoto.

Compote di Frutta

Ingredienti:

- 1 kg di frutta mista (mele, prugne, pere)
- 100 g di zucchero (opzionale)
- Succo di 1 arancia
- Spezie a piacere (cannella, chiodi di garofano)

Preparazione:

1. Taglia la frutta in pezzi e cuocila con lo zucchero, il succo d'arancia e le spezie.
2. Cuoci a fuoco lento fino a quando la frutta si ammorbidisce, ma mantiene la forma.
3. Trasferisci nei vasetti e conserva.

Vantaggi delle Conserve:

Ideali come dessert o accompagnamento per yogurt e gelati.

Un'alternativa naturale alle conserve industriali, spesso ricche di zuccheri aggiunti.

Snack Naturali: Salutari e Gustosi

Gli snack naturali a base di frutta sono perfetti per una merenda sana e leggera. Usando la frutta fresca, puoi creare snack croccanti, barrette o dolcetti nutrienti.

Chips di Frutta Essiccata

Ingredienti:

- Fette sottili di mele, pere, banane o kiwi
- Succo di limone (per evitare l'ossidazione)

Preparazione:

1. Taglia la frutta a fette sottili e immergila in una soluzione di acqua e succo di limone per 10 minuti.
2. Disponi le fette su una teglia rivestita di carta forno e cuoci in forno a 60-70°C per 4-6 ore, girandole a metà cottura.
3. Conserva le chips in un contenitore ermetico.

Barrette Energetiche alla Frutta

Ingredienti:

- 200 g di polpa di scarti di frutta
- 100 g di fiocchi d'avena
- 50 g di miele
- 50 g di frutta secca tritata (mandorle, noci)

Preparazione:

1. Mescola tutti gli ingredienti fino a formare un impasto omogeneo.
2. Stendi l'impasto su una teglia e cuoci a 180°C per 15-20 minuti.
3. Una volta raffreddato, taglia a barrette e conserva in un contenitore ermetico.

Gelatine di Frutta

Ingredienti:

- 300 g di succo di frutta (mela, arancia)
- 50 g di zucchero
- 8 g di gelatina in fogli

Preparazione:

1. Ammolla la gelatina in acqua fredda.
2. Scalda il succo con lo zucchero, quindi aggiungi la gelatina strizzata e mescola finché non si scioglie.
3. Versa il composto in stampi di silicone e lascia raffreddare in frigorifero.

Smoothie Ghiacciati

Ingredienti:

- Polpa di frutta mista (fragole, kiwi, mango)
- Latte vegetale o succo d'arancia

Preparazione:

1. Frulla la frutta con il latte o il succo.
2. Versa il composto in stampi per ghiaccioli e congela per almeno 4 ore.

Conclusione

Con marmellate, conserve e snack naturali, è possibile sfruttare ogni parte della frutta raccolta, riducendo gli sprechi e arricchendo la tua dispensa con prodotti fatti in casa, sani e deliziosi. Che tu voglia dolci per la colazione, spuntini da portare con te o dessert da gustare nei mesi freddi, queste idee sono perfette per preservare i sapori della tua frutta preferita e gustarli tutto l'anno. Sperimenta le ricette e scopri il piacere di trasformare il raccolto in tesori culinari!

L'Importanza di un Approccio Sostenibile e Zero Waste

Adottare uno stile di vita sostenibile e zero waste (a rifiuti zero) non è solo una tendenza, ma una necessità per il benessere del nostro pianeta. Ogni giorno produciamo una quantità significativa di rifiuti, molti dei quali potrebbero essere ridotti, riutilizzati o riciclati. Nel contesto della cura delle piante e della produzione di succhi ed estratti, un approccio sostenibile permette di minimizzare gli sprechi, rispettare l'ambiente e sfruttare al massimo le risorse disponibili.

Perché è Importante un Approccio Sostenibile

Riduzione dei Rifiuti

Ogni anno, milioni di tonnellate di rifiuti organici finiscono in discarica, dove si decompongono lentamente, emettendo gas serra come il metano. Scegliendo di compostare o di riutilizzare scarti alimentari come polpa e bucce, contribuiamo a ridurre l'accumulo di rifiuti.

Conservazione delle Risorse Naturali

Le risorse del pianeta, come l'acqua e il suolo, sono limitate. Riutilizzare materiali organici per il compost aiuta a restituire nutrienti alla terra, riducendo la necessità di fertilizzanti chimici e preservando la qualità del suolo.

Benefici Economici

Uno stile di vita zero waste non solo riduce l'impatto ambientale, ma porta anche vantaggi economici. Ridurre gli sprechi significa risparmiare denaro su fertilizzanti, alimenti e materiali per il giardinaggio.

Sostenibilità a Lungo Termine

Un approccio sostenibile favorisce l'equilibrio tra consumo e rigenerazione delle risorse, garantendo un futuro vivibile per le generazioni a venire.

Come Integrare un Approccio Zero Waste nella Vita Quotidiana

Nella Preparazione dei Succhi e degli Estratti

Quando prepariamo succhi freschi, una grande quantità di scarti può essere recuperata per evitare sprechi:

Polpa di Frutta e Verdura:

Utilizzala per ricette come barrette energetiche, muffin o zuppe.

Bucce:

Essiccale per creare polveri aromatiche o aggiungile al compost.

Succhi Avanzati:

Conserva eventuali succhi non utilizzati in vasetti di vetro riutilizzabili e congelali per un consumo futuro.

Nel Giardinaggio

Gli scarti organici possono trasformarsi in un fertilizzante naturale ricco di nutrienti:

Compostaggio Domestico:

Raccogli bucce, torsoli, polpa e altri materiali organici in una compostiera. In pochi mesi, otterrai un humus ricco da usare per le tue piante.

Pacciamatura:

Usa foglie, erba tagliata o bucce per coprire il terreno, mantenendolo umido e arricchendolo di nutrienti.

In Cucina

Molti degli scarti possono essere reinventati in piatti creativi:

Marmellate e Composte:

Scarti di frutta come bucce di mele e pere possono essere trasformati in marmellate ricche di sapore.

Crackers di Verdure:

La polpa delle verdure, combinata con semi e spezie, può diventare uno snack sano e croccante.

Riduzione degli Imballaggi

Un altro passo verso lo zero waste è acquistare frutta e verdura sfuse, evitando confezioni di plastica e scegliendo borse riutilizzabili.

L'Importanza della Biodiversità nel Contesto Zero Waste

Un approccio sostenibile si estende anche alla scelta delle piante che coltiviamo. Sostenere la biodiversità piantando diverse specie di alberi da frutto e colture non solo favorisce un ecosistema sano, ma garantisce anche una maggiore varietà di raccolti.

Come Promuovere la Biodiversità:

Pianta Specie Autoctone: Alberi da frutto e piante locali richiedono meno risorse e si adattano meglio al clima.

Supporta gli Impollinatori: Api, farfalle e altri insetti sono essenziali per la salute delle piante. Coltiva fiori e piante che li attraggano.

Zero Waste per il Futuro

Impatto Sociale e Ambientale

Adottare un approccio zero waste non è solo una questione individuale: è un cambiamento culturale che può avere un impatto significativo. Ogni piccolo gesto, come riutilizzare un torsolo o compostare bucce, contribuisce a creare una comunità più consapevole e un ambiente più sano.

Educare e Condividere

Promuovere pratiche sostenibili con amici, familiari e nella comunità aiuta a diffondere la consapevolezza e ispira altri a fare la loro parte. Un esempio pratico è organizzare workshop o gior-

nate di scambio, dove condividere idee e risorse per ridurre gli sprechi.

Conclusione

Un approccio sostenibile e zero waste rappresenta una filosofia di vita che combina il rispetto per l'ambiente con il desiderio di ridurre gli sprechi e ottimizzare le risorse. Nel contesto della coltivazione delle piante da frutto e della preparazione di succhi ed estratti, ci sono infinite possibilità per valorizzare ogni parte degli ingredienti, trasformandoli in risorse utili.

Sperimenta queste pratiche nella tua vita quotidiana e scoprirai che vivere in armonia con il pianeta è non solo possibile, ma anche gratificante. Con ogni torsolo recuperato e ogni buccia compostata, stai contribuendo a un futuro più sostenibile e a un mondo più sano per tutti.

Il Sapore della Consapevolezza

Come Integrare le Conoscenze Apprese per Creare un Ciclo Virtuoso: Dalla Cura della Pianta alla Preparazione di Succhi

Un ciclo virtuoso è un sistema in cui ogni fase del processo, dalla cura delle piante da frutto alla preparazione dei succhi, si completa e si arricchisce, riducendo gli sprechi e ottimizzando le risorse. Integrare le conoscenze apprese su potatura, coltivazione, raccolta e trasformazione della frutta consente di vivere in modo più sostenibile, valorizzando il lavoro della terra e massimizzando i benefici dei suoi prodotti.

Cura delle Piante: La Base del Ciclo

La salute delle piante è il punto di partenza per un ciclo virtuoso. Piante ben curate producono frutti di qualità superiore, riducono la necessità di interventi chimici e contribuiscono a un ambiente sano.

Elementi Fondamentali per la Cura delle Piante:

Potatura Regolare:

La potatura favorisce la crescita equilibrata della pianta, migliora la produzione di frutti e riduce il rischio di malattie. Un approccio sostenibile prevede il compostaggio dei rami tagliati o il loro utilizzo come pacciamatura.

Irrigazione Efficiente:

Utilizzare sistemi di irrigazione a goccia o raccogliere l'acqua piovana per ridurre lo spreco idrico.

Concimazione Naturale:

Applicare compost fatto in casa o fertilizzanti organici per arricchire il terreno e mantenere le piante in salute.

Controllo Naturale dei Parassiti:

Integrare piante compagne (come calendule o lavanda) e predatori naturali (come coccinelle) per proteggere le coltivazioni senza l'uso di pesticidi.

Collegamento al Ciclo Virtuoso:

Una pianta sana non solo produce frutta abbondante e nutriente, ma i sottoprodotti della sua cura (come rami e foglie potati) possono essere riciclati per migliorare il terreno o per il compost.

Raccolta e Conservazione della Frutta

Il momento della raccolta è cruciale per garantire che la frutta raggiunga la massima dolcezza e il suo pieno potenziale nutrizionale. La conservazione corretta permette di prolungare la vita dei frutti e di utilizzarli gradualmente.

Consigli per una Raccolta Efficace:

Raccolta al Momento Giusto:

Osserva i segnali della maturazione (colore, consistenza, profumo) per raccogliere i frutti nel loro stato migliore.

Manipolazione Delicata:

Raccogli la frutta con cura per evitare ammaccature che potrebbero accelerare il deterioramento.

Selezione:

Conserva i frutti perfetti e trasforma quelli troppo maturi in succhi, marmellate o conserve.

Metodi di Conservazione Sostenibile:

Essiccazione:

Trasforma mele, pere o albicocche in chips di frutta per prolungarne la conservazione.

Congelamento:

Congela frutti come fragole o pesche per utilizzarli nei succhi o nei frullati.

Conserve:

Prepara marmellate e sciroppi con i frutti in eccesso, sfruttando anche bucce e torsoli.

Collegamento al Ciclo Virtuoso:

La raccolta accurata riduce gli sprechi, mentre le tecniche di conservazione permettono di sfruttare ogni parte del raccolto, anche nei periodi in cui la frutta non è disponibile fresca.

Preparazione di Succhi ed Estratti

I succhi freschi rappresentano il culmine del ciclo virtuoso, offrendo una bevanda sana e gustosa che valorizza il lavoro svolto durante le fasi precedenti.

Come Massimizzare il Valore Nutrizionale nei Succhi:

- Usa Frutta di Stagione:

I frutti raccolti al momento giusto sono più dolci, ricchi di nutrienti e sostenibili.

- Combina Frutta e Verdura:

Aggiungi verdure come spinaci, sedano o cetriolo per creare succhi più equilibrati e nutrienti.

- Riutilizza la Polpa:

Non buttare gli scarti! La polpa può essere trasformata in barrette, muffin o aggiunta al compost.

Esempio di Ciclo Completo con un Succo Verde:

- Coltiva un albero di mele e un orto con sedano e spinaci.
- Raccogli le mele mature e taglia le foglie di spinaci.
- Prepara un succo combinando mele, spinaci e sedano.
- Usa la polpa rimasta per fare polpette vegetariane o aggiungila al compost per arricchire il terreno delle piante.

Collegamento al Ciclo Virtuoso:

La preparazione dei succhi chiude il ciclo, trasformando i frutti raccolti in un prodotto finale delizioso e sfruttando ogni residuo per alimentare altre fasi del sistema.

Gestione degli Scarti: Un Elemento Chiave del Ciclo Virtuoso

Gli scarti di frutta e verdura non sono rifiuti, ma risorse preziose che possono essere riutilizzate in vari modi:

Compostaggio:

Bucce, torsoli e polpa possono essere compostati per creare un fertilizzante naturale. Questo fertilizzante arricchirà il terreno, migliorando la salute delle piante per il prossimo ciclo di produzione.

Riutilizzo Creativo:

Bucce di agrumi: Essiccatele e usatele per preparare tisane o polveri aromatiche.

Torsoli di mele: Cuoceteli per fare gelatine o succhi.

Polpa di verdura: Aggiungila a zuppe, polpette o cracker.

Collegamento al Ciclo Virtuoso:

La gestione degli scarti non solo riduce l'impatto ambientale, ma completa il cerchio, riportando nel terreno i nutrienti estratti durante la coltivazione.

Educazione e Condivisione delle Conoscenze

Un vero ciclo virtuoso non è solo personale, ma si estende alla comunità. Condividere le conoscenze apprese con familiari, amici o vicini contribuisce a diffondere uno stile di vita sostenibile e rispettoso dell'ambiente.

Esempi di Condivisione:

- Organizza giornate di scambio in cui condividere succhi, conserve e compost con altri appassionati.
- Insegna a bambini e amici come piantare alberi da frutto e preparare succhi sani.
- Crea una rete di supporto per ridurre gli sprechi, ad esempio scambiando frutta in eccesso.
- Invito all'Azione: Sperimentare con la Frutta e Godere dei Suoi Benefici per la Salute e il Benessere

La frutta è molto più di un semplice alimento: è un dono della natura, una fonte di energia vitale e un alleato prezioso per la nostra salute e il nostro benessere. Sperimentare con la frutta significa abbracciare la creatività in cucina, esplorare nuovi sapori e scoprire modi innovativi per migliorare la nostra qualità di vita. Questo invito all'azione ti incoraggia a fare della frutta una parte centrale della tua routine quotidiana, per nutrire il corpo e la mente.

Perché Sperimentare con la Frutta?

Per la Salute

La frutta è ricca di vitamine, minerali e antiossidanti che aiutano a:

- Rafforzare il sistema immunitario.
- Migliorare la salute della pelle, dei capelli e delle unghie.
- Ridurre il rischio di malattie croniche come diabete, malattie cardiovascolari e tumori.

Per il Benessere Mentale

Il consumo di frutta fresca influisce anche sull'umore:

- I colori vivaci stimolano la creatività e la positività.
- I suoi zuccheri naturali offrono energia immediata, senza i picchi glicemici associati agli zuccheri raffinati.
- Il suo aroma e sapore rilassano la mente e migliorano l'umore.

Per la Creatività e il Gusto

Ogni frutto offre un mondo di possibilità:

- Può essere gustato fresco, trasformato in succhi, marmellate, conserve o dolci.
- Si combina con erbe aromatiche, spezie e altri ingredienti per creare mix unici e deliziosi.

- Sperimenta con la Frutta: Idee e Suggerimenti Pratici

Esplora Nuove Combinazioni nei Succhi

La frutta è estremamente versatile. Sperimenta combinazioni inedite per scoprire sapori che sorprendano il tuo palato.

- Prova mix come fragola e basilico, mela verde e zenzero, o mango e curcuma.
- Aggiungi una verdura a foglia verde come spinaci o cavolo per un succo ancora più nutriente.

Crea Snack Sani e Gustosi

Gli snack a base di frutta sono perfetti per una pausa salutare.

- Prepara **chips di mele** o pere per uno spuntino croccante.
- Fai dei ghiaccioli alla frutta mescolando polpa di frutta fresca con yogurt.
- Usa la polpa degli scarti dei succhi per creare muffin o barrette.

Trasforma la Frutta in Marmellate e Conserve

Conserva il sapore della stagione preparando marmellate artigianali:

- Combina fragole e limone per un sapore fresco e agrumato.
- Usa mele e cannella per una marmellata dal sapore autunnale.

Decora i Piatti con la Frutta

- Usa fette di frutta fresca per decorare torte, yogurt o insalate.
- Prova un'insalata di frutta con kiwi, melograno e arancia per un piatto colorato e pieno di vitamine.
- Crea dessert leggeri come bicchierini di ricotta e frutti di bosco.

Fai della Frutta una Routine Quotidiana

Integrare la frutta nella tua giornata non deve essere complicato. Ecco alcune semplici abitudini:

- Colazione: Inizia la giornata con una ciotola di yogurt, muesli e frutta fresca.
- Spuntino: Porta con te una mela o una banana per una pausa energetica.
- Cena: Concludi il pasto con un sorbetto alla frutta o una macedonia leggera.

Cura le tue piante, gusta i suoi frutti

Un Atto di Amore per Te e per il Pianeta

Consumare frutta fresca, coltivata localmente o raccolta dal tuo giardino, non è solo una scelta salutare per te, ma anche un atto di rispetto verso l'ambiente. Scegliendo frutta di stagione, riduci l'impatto ambientale legato al trasporto e alla conservazione. Riutilizzando gli scarti, abbracci uno stile di vita sostenibile e zero waste.

Il Mio Invito per Te

Prenditi del tempo per sperimentare con la frutta. Coltivala, raccoglila, assaporala in modi nuovi e creativi. Prova ricette che non hai mai immaginato, esplora combinazioni audaci e scopri come questo dono della natura può arricchire ogni aspetto della tua vita.

Ogni piccolo passo verso una dieta più ricca di frutta è un grande passo verso una salute migliore e un benessere profondo. E mentre godi dei benefici, ricorda che stai anche contribuendo a un mondo più sostenibile, riducendo gli sprechi e promuovendo un approccio rispettoso verso l'ambiente.

Inizia oggi stesso: prepara un succo, una marmellata o semplicemente mordi una mela. La natura ti offre il meglio, e tu puoi farne tesoro.

"Hai trovato utile e interessante questo libro? Il tuo feedback è importante! Lascia una recensione o un like su Amazon: è un piccolo gesto che fa una grande differenza per supportare il mio lavoro e aiutare altre persone a scoprire questi contenuti.

www.ingramcontent.com/pod-product-compliance
Lightning Source LLC
Chambersburg PA
CBHW071026240526
45469CB00006BD/2105